KB169581

나는 왜 파리를 사랑하는가

예술과 여행을 사랑하는 여러분에게

예술로 행복해지는 파리 여행

나는 왜 파리를 사랑하는가

이재형 지음

 디 이니셔티브

프롤로그

파리에 사는 건 결코 쉬운 일이 아니다. 무엇보다도 집값이나 집세 등을 비롯한 생활비가 말도 안 되게 비싸고, 공기가 그렇게 맑지도 않다. 게다가 날씨도 그다지 안 좋고 교통도 불편하며 어떤 동네는 지저분하고 위험하기까지 하다. 하지만 나는 1996년 프랑스로 건너와 오랫동안 파리에 살고 있으며 앞으로도 떠날 생각이 없다. 나는 왜 이렇게 파리를 사랑하게 된 것일까? 파리의 무엇이 나를 이렇게 잡아끄는 것일까?

그것은 바로 '예술의 힘'이다. 나는 예술이 인간을 행복하게 만드는 힘을 가졌다고 믿는다. 종교가 점차 힘을 잃어가는 이 시대에 예술은 우리가 절망하여 모든 걸 포기하고 싶을 때 다시 일어설 힘을 주고, 누군가에게 위로받고 싶을 때 안아주고 감싸준다. 만일 우리가 더 이상 아무것도 믿을 수 없게 된다고 할지라도 예술은 항상 남아 있을 것이다. 예술은 결코 죽지 않을 것이다.

이 영원불멸한 예술을 삶 속에서 가장 가까이 느낄 수 있는 도시가 파리다. 파리의 모든 것에는 예술이 스며 있다. 루브르 미술관은 기원전 3500년 전부터 1800년대 전반까지의 예술 작품이 전시되어 있고, 1800년대 후반부터 1910년대까지의 작품은 오르세 미술관에, 그 이후에서 현재까지의 작품은 오랑주리 미술관과 퐁피두 현대미술관에 전시되어 있다. 스위스의 아트 바젤, 미국의 아트 시카고와 더불어 세계 3대 아트페어로 불리는 파리 FIAC(국제현대미술박람회)에서는 다양한 현대 예술 작품들을 만날 수 있다. 그뿐만 아니다. 파리시가 운영하는 수많은 시립 미술관도, 사립 미술관도 많다. 공원과 광장 등 파리 시내 곳곳에는 야외 예술 작품들이 전시되어 있고, 수많은 갤러리에서도 좋은 작품들을 감상할 수 있다.

파리에서 예술은 더는 현실과 유리된 상류층의 장식품이 아니다. 이 '예술의 도시'에서 예술은 모든 사람이 접근할 수 있는 삶의 일부다. 소득이 없거나 적은 사람도 대부분의 미술관에 무료로, 혹은 할인된 가격에 입장하여 예술 작품을 감상할 수 있다.

온갖 악조건에도 불구하고 나를 파리라는 대도시에서 살아가게 만든 것은 바로 이 예술의 힘이다. 나는 이곳에서 삶에 지칠 때마다 예술 작품들을 찾아가곤 했고, 이 작품들은 다시 살아갈 힘을 내게 불어넣어 주었다. 나는 나의 이 같은 좌절과 회복을 글과 사진으로 남기고 싶었고, 『나는 왜 파리를 사랑하는가』는 그 결과다.

C·O·N·T·E·N·T·S

제5장

조금 더 사적인 공간으로 • 249

제1장

파리의 가장 높은 곳
몽마르트르에서 피어난 인상주의

오귀스트 르누아르 〈갈레트 풍차에서의 무도회〉
1876년, 131.5×176.5cm, 오르세 미술관

1876년, 몽마르트르에 살던 르누아르가 갈레트 풍차 안의 정원에서 젊은 남녀가 춤추는 장면을 그린 그림이다. 이 시절, 파리에서 힘들게 일한 젊은 노동자들은 주말이면 이곳으로 몰려와 갈레트 빵을 먹고 술을 마시며 춤추고 노래하고 사랑을 나누었다. 골목길을 걸으며 관광객들이 걸음을 멈춘 채 카메라 셔터를 누르는 갈레트 풍차 앞을 지난다.

바캉스 시즌이라 그런지 유난히 골목마다 사람들로 가득하다. 3세기경, 파리 최초의 주교 생드니는 몽마르트르 언덕 꼭대기에서 로마인들에게 목이 잘려 순교했다고 전해진다. 그래서 이 언덕은 몽 마르티움 Mons Martyrum, 즉 '순교자의 산'이 되었다. 구릉과 평지가 많아 전체적으로 평탄한 파리에서 가장 높은 곳인 이곳은 일 년 내내 거리의 예술가들로 붐빈다.

19세기 초까지만 해도 몽마르트르 언덕은 과수원과 포도밭(이 포도밭의 일부가 북쪽 언덕에 아직 남아 있다), 초가집, 40여 개의 풍차 방앗간으로 이루어져 있었다. 그 당시 몽마르트르는 아직 파리가 아니었고(파리로 편입된 것은 1860년의 일이다), 638명에 불과한 주민은 주로 방앗간 주인이나 몽마르트르 지하에 매장되어 있던 석고 광산의 노동자들이었다. 파리 시내에 살던 노동자들

테르트르 광장 – Pl. du Tertre, 75018 Paris

과 서민들이 집세와 물가가 싼 이곳으로 몰려든 건 한참 후의 일이다.

1870년 보불전쟁*과 다음 해 일어난 파리코뮌**이 끝나자 프랑스는 평화를 되찾고, 예술가들이 몽마르트르 언덕을 찾아오기 시작한다. 1914년 1차 세계대전이 터질 때까지 이곳에는 500명이 넘는 화가와 시인들, 작가들, 음악가들이 살며 인상파와 야수파, 입체파, 미래파의 예술 혁명을 일으킨다. 왜 이곳에 그렇게 많은 예술가들이 몰려들었을까?

이곳에 가장 먼저 자리 잡은 예술가들은 '인상파 화가들'이었다. 그들의 미학적 원칙은 '자연'을 그리는 것이었다. 그 당시 몽마르트르는 자연 그 자체였다. 파리 시내에서 멀지 않은 곳에 초원과 잡목 숲, 풍차 방앗간, 라일락꽃이 핀 정원이 있으니 이보다 더 좋은 작품 소재가 어디 있겠는가? 마네와 모네, 르누아르, 드가 등을 중심으로 한 이 화파는 이곳의 물랭 드 라 갈레트나 본 프랑케트 같은 술집과 카바레를 드나들며 어린아이처럼 축제 분위기에 젖어 들었다.

---

* 1870년부터 1871년까지 프러시아와 프랑스가 에스파냐 국왕의 선출 문제를 둘러싸고 벌인 전쟁. 프러시아가 크게 이겨서 독일 통일을 이루었다.
** 1871년 파리 시민과 노동자들이 봉기하여 수립한 혁명적 자치 정부.

목가적 풍경을 찾아
모여든 인상파 화가들

그 당시에 로트렉과 르누아르, 드가, 모네, 졸라 등은 나무 당구대라고 불리던 본 프랑케트를 자주 들락거렸다. 오르세 미술관에서 볼 수 있는 반 고흐의 〈술집〉이라는 그림은 이 시골 분위기 물씬 나는 술집에서 영감을 얻은 것이며, 몽마르트르의 화가 유트릴로도 이곳을 그려 유명해졌다. 이 식당의 간판에 쓰인 문구 'Aimer, Manger, Boire et Chanter'(사랑하라, 먹어라, 마셔라, 그리고 노래하라)를 보면, 그 당시 예술가들이 어떻게 살았는지 짐작할 수 있다.

1880년대 무렵에는 카바레와 무도회장이 블랑슈

본 프랑케트 식당 - 18 Rue Saint-Rustique, 75018 Paris

광장과 피갈 광장 등 몽마르트르 언덕 남쪽에서 번창하며 오락산업이 활기를 띠었다. 엘리제 몽마르트르, 검은 고양이, 물랭루즈가 연이어 문을 열었고, 이런 술집들은 로트렉의 선전 포스터를 통해 널리 알려졌다.

몽마르트르에서 파리를 찾는 관광객들이 거의 예외 없이 찾는 곳 중의 하나가 물랭루즈다. 지하철역이 바로 옆에 있어서 더더욱 인파로 북적거리고, 캉캉 춤을 공연하는 시간이 되면 관객들이 이 앞에 길게 줄을 선다.

물랭루즈는 1889년에 생긴 카바레다. 1889년, 파리에서는 프랑스 혁명 100주년을 기념하는 만국박람회가 개최되었다(에펠탑은 이 박람회장으로 들어가는 입구에 세

물랭루즈 – 82 Boulevard de Clichy, 75018 Paris

앙리 드 툴루즈-로트렉
〈춤추는 잔 아브릴〉
1891년, 85.5×45cm
오르세 미술관 5층
프랑수아즈 카셍 전시실

워졌다). 1889년부터 1차 세계대전이 일어날 때까지의 기간은 흔히 '벨 에포크'Belle Époque라고 불린다. 평화롭고, 산업이 발전하고, 풍요한 문화가 꽃을 피우고, 낙관주의가 팽배하고, 인간에 대한 믿음이 널리 퍼져 나가던 시대였다.

　이러한 시대에 몽마르트르는 점점 더 도시화되던 파리에서 유일하게 목가적인 분위기를 느낄 수 있는 곳이었다. 주중에 일하느라 지친 파리지앵들이 주말이면 몽마르트르로 몰려와 마시고 춤추며 스트레스를 풀던 곳이 바로 카바레였고, 그중 대표적인 곳이 물랭루즈였다. 그리고 여기서 캉캉 춤이 생겨났다. 댄서들은 이 춤으로 이름을 날렸고 화가 앙리 드 툴루즈-로트렉(1864~1901)은 이들의 모습을 화폭에 그려 널리 알렸다.

로트렉은 1884년부터 몇 년 동안 댄서들이 춤추는 모습을 그렸다. 1889년에는 '라 글뤼'라고 불리던 루이즈 베베르를 집중적으로 그렸고, 1892년에는 '멜리니트', 즉 '폭탄'이라는 별명으로 불리던 잔 아브릴이 혼자 춤추는 모습을 많이 그렸다. 〈춤추는 잔 아브릴〉Jane Avril dansant은 그중 하나다. 그녀는 두 다리와 허리를 미친 듯이 흔들어대며 춤을 추었기 때문에 언론에서는 그녀를 '광란의 난초'라는 별명으로 부르기도 했다.

로트렉은 등장인물과 직접적인 관련이 없는 배경을 그리는 것에는 관심이 없었다. 그래서 이 작품처럼 다 그려지지 않은 채로 마분지가 그대로 드러나 있어서 꼭 습작처럼 보인다. 로트렉이 1886년과 1887년, 1896년에 그린 그림들은 대부분 이렇다.

작은 아틀리에에서 시작된
피카소의 입체파 미술

1900년이 되면서 이번에는 전 유럽에서 화가들이 몽마르트르로 몰려들었다. 이미 인상파 화가들이 이곳을 유명하게 만들어 놓았기 때문이다. 또 아직은 도시의 소음으로부터 멀리 떨어진 섬 같은 곳이었고, 집세도 쌌다. 먼저 블라밍크 등의 야수파가 자리를 잡았고, 피카소는 입체파 미술로 가는 길을 열었다. 이탈리아에서 온 모딜리아니도 이곳에 자리 잡았다. 그러나 제1차 세계대전이 일어나면서 예술가들은 뿔뿔이 흩어지고 지하철로 갈 수 있는 몽파르나스가 몽마르트르의 뒤를 잇게 될 것이다.

레자베스 지하철역을 나와 테르트르 광장을 향해 올라가다 보면 에밀 구도라고 불리는 자그마한 광장이 하나 나타난다. 이 광장에는 세탁선Le Bateau-Lavoir이라고 불리는 아틀리에가 있다. 피카소나 후안 그리스, 반 동겐 같은 화가나 막스 자코브, 아폴리네르, 마크 오를랑 등 그때까지 유행하던 시풍을 혁신한 시인들이 여기에 모여 살았다. 몽파르나스에 있는 뤼슈Ruche(벌집이라는 뜻) 아틀리에보다 먼저 만들어진 이 예술가들의 공동생활체는 불행히도 1970년 5월, 불에 타버려 지금은 입구에만 그 흔적이 남아 있을 뿐이다.

세탁선 - 13 Pl. Emile Goudeau, 75018 Paris

이 건물은 그 뒤로 다시 재건축되어 지금도 외국인 예술가들이 모여 살고 있다.

원래는 피아노 공장이었던 이 목제 건물은 1860년경에 세워졌는데, 가운데 긴 복도를 두고 양쪽에 방이 늘어서 있어서 배의 선실을 연상시켰다. 그래서 세탁선이라는 이름이 붙여졌다 한다. 이 건물에는 가스도 전기도 공급되지 않았으나, 세가 싸서 가난한 예술가들이 모여 살았다. 또 집이 딱딱 붙어 있어서 사생활은 보장되지 않았으나, 대신 세입자들 간의 관계는 돈독했다.

이 세입자 중에서 가장 유명한 사람은 피카소(1881-1973)다. 월세가 15프랑이었던 이 건물에 들어오기 전부터 피카소는 이미 몽마르트르에 살고 있었다. 하지만 그의 삶이 전기를 이룬 것은 바로 세탁선에서다. 그는 여기서 페르낭드 올리비에를 만나 7년간 함께 살았다. 이들의 살림살이는 간단했다. 트렁크 하나, 침대 하나, 냄비 하나, 의자 하나, 책상 하나, 이젤, 붓.

그리고 1905년 후안 그리스(스페인 출신의 입체주의 화가)와 그의 가족이 여기에 들어오면서 입체파 미술 운동의 미학적 모험이 시작되었다. 피카소는 1907년 여기서 〈아비뇽의 아가씨들〉을 그림으로써 입체파 미술 운동의 시작을 알렸다.

라팽 아질은 날쌘 토끼라는 뜻이다. 1860년에 생긴 이 카바레는 원래 이름이 '살인자들의 카바레'였

라팽 아질 - 22 Rue des Saules, 75018 Paris

사크레 쾨르 – 35 Rue du Chevalier de la Barre, 75018 Paris

다. 풍자 삽화가인 앙드레 질이 이 카바레의 간판을 그렸는데, 포도주병을 든 토끼가 냄비 위에서 뛰어 오르는 그림이다. 그래서 카바레의 이름이 Lapin à Gill(질의 토끼)라고 불리다가 서서히 Lapin agile(날쌘 토끼)로 바뀌었다.

이후 1903년에 데데 영감이라고 불리는 인물이 철거 예정이던 이 카바레를 샀다. 직접 기타를 치며 대중가요를 선창하면 손님들이 따라 불렀는데, 피카소와 유트릴로, 모딜리아니, 아폴리네르 등 예술가들이 단골이었다. 피카소는 식사하고 돈이 없자 지금 수백만 유로를 호가하는 〈익살 광대〉라는 그림을 맡겨두기도 했다.

석고 광산 위에 지어진 사크레 쾨르Sacré Coeur는 '성스러운 마음'이란 뜻으로, 예수님의 마음을 의미한다. 1870년 프랑스와 프러시아(지금의 독일)가 전쟁을 했다. 프랑스는 먼저 선전포고를 했지만, 군부의 극심한 부패로 처참하게 패했다. 그 당시 프랑스를 다스리던 나폴레옹 3세가 포로로 잡혔으니 말해 무엇하랴. 그러나 프랑스의 중심 도시 파리는 성문을 잠그고 양심적인 정치인, 지식인들과 프롤레타리아들을 중심으로 프러시아군에 저항했다. 그러자 프랑스 정부는 외세(프러시아)를 끌어들여 파리 시민들을 진압한다.

베르사유궁 거울의 방에서 프러시아에 굴욕적으로 항복한 정부에 대한 파리 시민들의 분노는 그다음 해 5월 파리코뮌이라는 시민 저항운동으로 표출된다.

코뮌군의 벽 – 페르라세즈 묘지

이 파리코뮌이 처음 시작된 곳이 바로 몽마르트르 언덕 꼭대기다. 제2제정이 멸망하고 들어선 제2공화국은 파리 시민들이 프러시아군에 저항할 때 그들 돈으로 산 대포를 내놓으라고 요구했고, 사크레 쾨르 성당이 세워지기 전의 몽마르트르 언덕 꼭대기에서 대포를 지키고 있던 정부군 소대는 이 명령을 거부하면서 5월 한 달 동안 정부군과 시민군 사이에 치열한 시가전이 벌어졌다. 5월 마지막 일요일('피의 1주일'이라고 부른다), 페르라셰즈 묘지에서 마지막까지 항거하던 시민군은 결국 패배했고, 묘지 안에 있는 '코뮌군의 벽' 앞에서 모두 총살당했다.

1873년, 파리 대주교는 프러시아와의 전쟁에서 프랑스가 치욕적인 패배를 당한 것은 프랑스 국민의 신앙심이 약해졌기 때문이라 주장하며 파리가 훤히 내려다보이는 몽마르트르 언덕에 성당을 세울 것을 요청했다. 1875년에 시작된 성당 건축은 무려 44년이나 걸렸다. 국민 성금으로 이루어졌기 때문에 인류의 또 다른 재앙인 제1차 세계대전이 일어난 1914년까지 이어졌다.

원래 성당 아래는 석고 광산이었다. 석고를 다 파내어 텅 빈 거나 마찬가지인 지반이 약한 부지 위에 성당을 지어야 했으므로 건축가인 폴 아바디는 43미터의 수직갱도 83개를 박고 그 속에 시멘트를 부어

넣어 기초공사를 한 다음, 그 위에 성당을 지었다.

로마네스크-비잔틴 양식으로 지어진 이 성당에 대해 에밀 졸라는 "이 희끄무레한 건축물이 파리를 내려다보며 무겁게 짓누르고 있다"라고 평했다. 성당 정면은 로마네스크 양식인데, 둥근 지붕과 종탑은 지나치게 크다. 이 같은 불균형은 아바디가 1884년에 급사하는 바람에 다른 두 명의 건축가가 이어받아 공사했기 때문이다.

성당은 파리 근교의 채석장에서 캐낸 돌로 지어졌는데, 이 돌은 빗물과 접촉하면 흰색 물질을 분비하는 특성이 있다. 또 특이하게도 방향이 동서가 아닌 남북이며, 순례 성당이라서 장례식이나 결혼식은 안 한다. 성당 정면 왼쪽에는 생 루이(1226-1270) 동상이 서 있다. 생 루이는 루이 9세이며, 프랑스 왕 중에서 유일한 성인으로 유럽의 왕들을 설득하여 십자군 운동을 나갔다가 튀니지에서 순교했다. 오른쪽에 서 있는 동상은 구국의 소녀 잔다르크(1412-1431)다.

사크레 쾨르 성당 왼쪽으로 나 있는 오르막길을 따라 테르트르 광장으로 가다 보면 오른편으로 작은 나다르 공원이 있다. 거기에 서 있는 동상의 주인공은 슈발리에 드 라 바르라고 불리는 프랑수아-장 르페브르(1745-1766)다.

1765년 8월, 아베빌의 주민들은 마을에 서 있는 십자가가 훼손된 것을 발견했다. 그들은 아무 증거도 없이 다짜고짜 프랑수아-장 르페브르를 범인으로 지목했다. 평소에 그가 불경한 말을 자주 했고, 종교 행렬이 지나가는데도 모자를 벗지 않았다는 이유에서였다. 더더구나 그의 집에서는 프랑스의 계몽주의를 상징하는 볼테르의 『철학 사전』이 발견되었다.

그는 그다음 해 2월, 손이 잘리고 혀가 뽑힌 다음 산 채로 화형당했다. 그러나 1793년에 마을의 십자가를 훼손시킨 것은 나무를 싣고 가던 수레였다는 사실이 밝혀졌고, 프랑수아-장 르페브르는 명예를 되찾았다. 이는 18세기 후반에 프랑스를 휩쓸었던 가톨릭의 광기를 단적으로 보여주는 사건이다. 이제 슈발리에

프랑수아-장 르페브르 동상

분홍색 집 – 2 Rue de l'Abreuvoir, 75018 Paris

드 라 바르의 동상은 프랑스의 보수적인 가톨릭을 상
징하는 사크레 쾨르 성당을 노려보고 있다.

분홍색 집La Maison Rose은 화가 모리스 유트릴로
(1883-1955) 덕분에 세계적으로 유명해졌다. 그는 몽마
르트르에서 태어나고 몽마르트르에서 죽은 유일한 화
가지만, 어머니 쉬잔 발라동의 복잡한 남자관계 때문
에 아버지가 누구인지 알지 못했다. 어머니의 연인 중
한 명이었던 스페인 출신 화가 미구엘 유트릴로가 아
들로 인정해 준 덕분에 유트릴로라는 이름을 갖게 되
었다.

그는 어릴 때부터 어머니의 애정을 받지 못하고 할
머니 손에 자라다가 10대 때부터 알코올 중독에 빠져

힘든 생활을 하였다. 그러나 그림 치료를 받으면서 서서히 재기, 27세 때부터 본격적으로 작품 활동을 시작하여 그로부터 10년 뒤에는 유명 화가가 되었다. 그의 작품들은 오랑주리 미술관에서 볼 수 있다.

르누아르의 인상파 걸작
이곳에서 탄생하다

초상화를 그리는 화가들과 관광객들로 북적이는 테르트르 광장에서 단 3분만 걸어가면 만날 수 있는 몽마르트르 박물관Musée de Montmartre•에 들어서면 정적 그 자체인 또 다른 세계가 펼쳐진다. 이 박물관은 높은 곳에 있어서 저 아래로 포도밭과 라팽 아질 카바레, 생 뱅상 묘지 등 전원적인 풍경을 한눈에 내려다볼 수 있다.

1876년 르누아르는 지금은 몽마르트르 박물관이 된 몽마르트르 코르토 거리 12번지에 작은 아틀리에를 얻어 이사한다. 그리고 같은 해 이곳에서 인상파의 걸작으로 꼽히는 두 작품을 탄생시키는데, 인상파의 미학적 원칙들을 인물에 적용한 〈그네〉와 〈갈레트 풍차에서의 무도회〉가 바로 그것이다. 박물관 정원에 있

• 12 Rue Cortot, 75018 Paris

갈레트 풍차
- 83 Rue Lepic, 75018 Paris

는 르누아르 카페에 앉아 차 한 잔 마시며 이 도시 속 오아시스의 고요를 즐기고 있노라면 나무에 매달려 있는 그네가 눈에 들어온다. 르누아르가 〈그네〉라는 작품에서 그린 바로 그 그네다.

이 시절 몽마르트르에 풍차가 많았던 이유가 뭘까? 앞서 잠깐 말한 대로, 사크레 쾨르는 석고 광산 위에 지어졌다. 성당 건축을 위해 덩어리째 파낸 석고는 아무 데도 쓸 수 없어서 잘게 가루로 빻아야 했다. 이 일에 풍차가 이용됐다. 풍차로 잘게 빻은 석고는 건물 외벽에 발랐다. 또 풍차로 곡물이나 뿌리를 빻아 염료

벽으로 드나드는 남자
- 26, Rue Norvins, 75018 Paris

나 화장품에 들어갈 재료를 얻기도 했다. 그 많던 풍차가 지금은 2개만 남아 있고, 그중 하나는 사유지 안에 있어서 실제로 볼 수 있는 건 갈레트 풍차Le Moulin de la Galette 하나뿐이다.

갈레트 풍차에서 20미터가량 더 가다가 오른쪽을 바라보면 벽에 박힌 한 남자가 거기서 빠져나오려고 애쓰고 있다. 마르셀 에메의 단편소설 『벽으로 드나드는 남자』*의 주인공인 뒤퇴이유다. 오르샹 거리에 사는 이 평범한 인물은 어느 날 자신에게 벽을 드나들

수 있는 능력이 있다는 것을 알고 그 능력을 이용하여 권태롭고 초라한 현실과 그 현실에서 벗어날 수 있게 해주는 환상을 들락거린다.

그러나 현실과 환상 사이에는 벽 하나뿐, 결국 그를 기다리고 있는 것은 언제나 비루한 일상이다. 결국은 추락할 수밖에 없다. 하늘을 날아오르다 날개가 태양에 녹아버린 이카루스처럼 말이다. 마르셀 에메, 그는 몽마르트르 뒤편에 있는 생 뱅상 묘지에 마르셀 카르네, 유트릴로와 함께 누워있다. 인간은 저렇게 살아서나 죽어서나 벽 안에 갇힌 존재다.

달리다(1933-1987)는 한국에는 잘 알려지지 않았지만, 음반만 1억 5천만 장 이상이 팔렸고 유튜브 클릭 수가 10억 번 이상을 기록했으며, 2001년 실시된 앙케트에서 에디트 피아프와 함께 20세기의 가장 뛰어난 여자 가수로 뽑힌 인물이다. 원래는 이탈리아 출신으로 이집트 카이로에서 태어나 미스 이집트가 되었고, 배우가 되려고 파리에 건너왔으나 대중음악 가수로 큰 성공을 거두며 스타가 되었다.

그러나 그녀의 사생활은 너무나 불행해서, 사귀는 남자마다 전부 다 자살했고, 심지어는 여러 번이나 그

• 마르셀 에메 지음, 이세욱 옮김, 2002년, 문학동네 출간.

달리다 동상 – Place de Dalida, Rue de l'Abrevoir, 75018 Paris

들의 주검을 두 눈으로 직접 목격하기도 했다. 서른네 살 때는 열두 살 연하 대학생과의 사이에서 임신했다가 이탈리아에서 낙태 수술을 잘못 받는 바람에 불임이 되기도 했다. 결국 그녀는 심한 우울증에 시달리다가 1987년 몽마르트르에 있는 집에서 스스로 목숨을 끊었다. 그녀는 팬들에게 "삶을 견딜 수가 없어요. 용서해줘요"라는 유서를 남겼다.

몽마르트르 박물관 옆의 옆집(코르토 거리 6번지)에는 〈짐노페디〉(한국에서는 한 침대 회사의 광고 음악으로 유명해졌다)로 널리 알려진 음악가 에릭 사티(1866-1925)가 살았다.

그는 이 집에 살던 1893년, 즉 스물일곱 살 때 한

에릭 사티가 살던 집
- 6 Rue Cortot, 75018 Paris

살 많은 화가 쉬잔 발라동을 만나 사랑에 빠진다. 〈분홍색 집〉을 그린 몽마르트르의 화가 유트릴로의 어머니이기도 한 쉬잔 발라동은 뛰어난 미모로 고흐, 로트렉, 퓌비 드 샤반이나 르누아르, 테오필 알렉상드르 스타인렌 같은 화가의 모델 노릇을 했으며, 르누아르의 연인이기도 했던 자유분방한 여성이었다. 그녀는 이들이 그림 그리는 걸 보다가 자신에게 화가로서의 재능이 있다는 사실을 발견하고 그림을 그리기 시작한다.

이 두 사람은 에릭 사티의 집에서 처음으로 밤을 보낸다. 쉬잔 발라동을 사모해 왔던 에릭 사티에게는 이 밤이 사랑의 시작이었을지 모르지만, 그녀에게는 사랑의 끝이었다. 에릭 사티는 실연에 절망한다. '머리를 공허함으로, 가슴을 슬픔으로 가득 채운 얼음처럼 차가운 고독'을 경험한다. 그의 이 절망과 고독이 응축된 음악이 바로 짐노페디다. 나는 이 집 앞을 지나갈 때마다 짐노페디를 듣고, 그때마다 그의 외로움이 내게도 전해져 가슴이 아리다.

프레데리크 쇼팽

사랑하는 조국 폴란드를 평생 그리워하다

러시아와 프러시아, 오스트리아는 1772년부터 1795년 사이에 연속적으로 조약을 체결하여 폴란드의 영토를 분할 통치했다. 1830년 폴란드인들은 저항하고 나섰지만, 바르샤바에서 일어난 반란은 러시아군에게 잔혹하게 진압당했다. 그리하여 반란을 일으킨 사람들은 어쩔 수 없이 폴란드를 떠나야만 했다.

쇼팽은 이 사태에 큰 충격을 받아 그의 감정을 「에튀드, Op. 10, No 12」(혁명)에 담았다. 반란을 일으킨 사람들과 매우 친밀했던 그는 폴란드로 돌아가면 괴롭힘을 당할까 봐 두려웠던 것일까? 쇼팽은 파리에 살면서 여권도 갱신하지 않았다. 그래서 다시는 조국 땅을 밟지 못하게 될 것이다.

많은 폴란드 망명객들이 파리로 몸을 피했다. 1830년 폴란드 임시정부 수반이라는 이유로 망명을 해야만 했던 아담 차르토리스키는 생루이섬에 있는 랑베르 대저택에 자리를 잡았다. 이 저택은 얼마 지나지 않아 도서관과 여러 개의 문학 서클, 상조회를 갖추고 폴란드 망명객들이 모여드는 사랑방 역할을 하게 되었다. 차르토리스키는 여기서 콘서트와 사교모

쇼팽이 파리에 도착해
처음 살았던 곳
- 27 Bd Poissonnière,
75002 Paris

임을 열었고, 라마르틴이라든가 들라크루아, 발자크 등의 예술가들이 모여들었다. 쇼팽은 이곳의 단골손님이었다. 그가 작곡한 「마주르카」와 「폴로네즈」는 고향에 대한 향수를 담은 곡이다.

　쇼팽의 작품에서 느껴지는 깊은 우울은 '잘żal'이라는 폴란드 사람들 특유의 감정(우리의 한恨을 상상하면 될 것 같다)에서 비롯된 것이 아닐까 싶다. '잘'이라는 감정에는 향수와 꿈이 담겨 있고, 쇼팽의 경우에는 거기에 망명의 고통까지 더해졌을 것이다. 그는 향수병이 너무 깊어지면 망명한 폴란드 귀족들의 살롱을 찾았다.

쇼팽은 1831년 10월 2일, 파리에 도착해 센강 북쪽의 푸아소니에르 대로 27번지 건물 6층의 방 두 개짜리 집에서 살았다. 그의 집 창에서는 몽마르트르는 물론 팡테옹도 잘 보였다. "내 집에서 보이는 멋진 전망을 부러워 하는 사람은 많았지만, 여기까지 수많은 계단을 올라와야 한다는 사실은 부러워하지 않았다."

그는 여기서 1년도 채 살지 않았다. 이 건물은 파괴되었지만, 표지판이 설치되어 있어서 집이 있던 자리를 짐작할 수 있다. 그는 파리에서 아홉 차례 집을 옮겼는데, 그중 일부는 1860년에 시작된 오스만의 파리 재개발로 인해 사라졌다.

파리에 도착했을 때 쇼팽은 프랑스에 대해 양면적인 감정을 품고 있었다. 폴란드 사람들이 반란을 일으켰을 때 프랑스가 도와주지 않아 러시아인들에게 지배당하고 있다는 생각에 유감스럽게 생각하는 한편, 활기로 가득 찬 파리라는 도시에 매혹당했다. 1830년 7월에 일어난 혁명은 번영의 시대를 열었고, 파리는 새로운 예술 사조인 낭만주의의 중심이 되었다. 그는 1831년 11월 18일 한 지인에게 보낸 편지에서 이렇게 말한다.

"틀림없이 나는 생각했던 것보다 더 오래 파리에 머무를 거야. 여기가 정말 좋아서가 아니라 시간이 지나면 여기가 조금씩 좋아질 수도 있을 것 같기 때문이야."

쇼팽을 열렬히 숭배하는 폴란드 사람 가운데는 델피나 포토카라는 여성이 있었다. 쇼팽은 그녀를 1830년 비엔나에서 만나 평생 편지를 주고받았다. 그녀는 쇼팽을 많은 파리지앵과 폴란드 망명자들에게 소개해줌으로써 그가 계속 학생들을 가르칠 수 있게 도움을 주었다. 이런 상류사회와의 관계는 단지 사교적 차원이 아니라 먹고 살기 위한 레슨을 하기 위해서였다.

쇼팽은 독일 출신의 피아니스트이자 음악 교사인 칼크브레네르를 찾아가 조언을 부탁했다. 사실 쇼팽은 그의 연주나 작품 스타일을 좋아하지는 않았지만, 꿈을 펼치기 위해서는 파리 음악계가 자신을 받아들여야만 했고 영향력 있는 인물이었던 칼크브레네르의 도움이 필요했다. 그의 소개로 쇼팽은 피아노 제작자인 카미유 플레엘을 만나게 된다.

파리는 음악의 도시였을 뿐만 아니라 피아노 제작자들의 도시이기도 했다. 파리에는 3백 개 이상의 피아노 공장이 있었는데 파프라든가 에라르, 플레엘 등이 최고 실력을 자랑하는 피아니스트들의 선택을 받기 위해 서로 다투었고, 기술적 혁신을 이루려고 경쟁했다.

1832년 2월, 플레엘 피아노 회사의 공장 건물 2층에 있는 넓은 살롱(9, Rue Cadet)에서 쇼팽의 첫 번째 연주회가 열렸다. 대성공이었다. 이때 연주한 곡이 바로 조성진이 쇼팽 공쿠르 결선에서 연주한 「피아노 협주곡 1번」이다. 단 며칠 만에 '바르샤바에서 온 쇼팽 씨'는 유명 인사가 되었다. 사교계 살롱에서는 다투어 쇼팽을 초대했고 출판사에서는 그의 악보를 받으려고 줄을 섰다.

리스트는 소리가 선명하고 멀리까지 들려서 콘서트홀에 어울리는 에라르 피아노를 좋아한 반면, 쇼팽은 더 부드러운 소리를 내고 더 섬세한 기교를 요구하는 플레엘 피아노를 좋아했다.

"에라르 피아노를 치면 딱 정해진 음을 쉽게 찾아낼 수 있다. 하지만 감정이 한껏 고양되어 오직 나만의 음을 찾아내고 싶을 때는 플레엘 피아노가 필요하다. 나의 생각과 감정이 더 직접적이고 더 독창적으로 전달된다. 나는 내 손가락이 해머와 더 즉각적으로 소통하면서 해머가 내가 얻고자 하는 감각과 효과를 정확하고 충실하게 표현하는 것을 느낄 수 있다."

이 두 피아노 제작자는 이런 취향 차이를 연주로 잘 드러낼 수 있는 피아니스트를 내세웠다. 그 뒤로도 쇼팽은 플레엘 회사 살롱에서 여러 차례 연주하였지만, 프로그램을 정해놓고 많은 청중 앞에서 연주하는

것을 좋아하지 않았던 탓에 얼마 지나지 않아 넓은 홀
에서 연주하는 것을 그만두었다. 그는 살롱에서 그때
그때 상황에 따라 즉흥적으로 연주하는 것을 좋아했
다. 그가 연주할 때마다 청중들은 건반으로 만들어 내
는 무한한 뉘앙스의 마력에 빠져들었다. 1835년 라이
프치히에서 만난 슈만과 멘델스존은 그의 터치에 감
탄했다.

고등음악원 거리 2번지에 있는 고등음악원 콘서트
홀은 낭만주의 도시 파리의 음악을 상징하는 역사적
인 장소였다. 비록 많은 청중 앞에서 연주하는 것을 싫
어하기는 했지만, 쇼팽도 여기서 1832년에서 1838년
사이 연주를 했다.

그러나 그가 이곳에 자주 간 것은 특히 동시대인들

고등음악원 – 2 bis, Rue du Conservatoire, 75009 Paris

의 작품을 감상하기 위해서였다. 베를리오즈는 여기서 1830년에 작곡한 「환상교향곡」과 「렐리오」, 「이탈리아의 해롤드」, 「로미오와 줄리엣」을 공연했다. 또 여기서는 리스트와 멘델스존의 작품, 그리고 베토벤의 교향곡을 프랑수아-앙트완 아베네크의 지휘로 들을 수 있었다. 이 콘서트홀은 크게 보수되었지만 여전히 원래의 모습을 간직하고 있다.

파리는 만남과 사랑의 도시였다. 쇼팽은 리스트와 그의 연인인 마리 다구와 친구가 되었다. 어느날 리스트의 집에서 세기의 만남이 이루어진다. 리스트가 쇼팽에게 필명인 조르주 상드로 더 잘 알려진 뒤드방 남작 부인을 소개해 준 것이다. 1836년에 이루어진 이 첫 만남의 분위기는 얼음처럼 차가웠다. 쇼팽은 상드가 어딘지 모르게 기분 나쁜 사람이라고 생각했다. 하지만 그들의 관계는 시간이 지나면서 서서히 나아졌고, 1838년 여름, 두 사람은 연인이 되었다. 이들의 열정적인 사랑이 탄생시킨 작품이 바로 「발라드 2번」이다.

이들은 쇼팽의 허약한 건강 상태가 나아질 것을 기대하고 마요르카섬으로 출발했다. 하지만 그건 잘못된 생각이었다! 추운 데다 비가 자주 내려서 산책조차 할 수가 없었다. 하지만 쇼팽은 이런 날씨에 영감을

낭만생활 미술관 – 16 Rue Chaptal, 75009 Paris

얻어 「전주곡, Op. 28, No 15」(물방울)을 작곡했다.

　어쩔 수 없이 파리로 돌아온 두 연인은 그 당시 최근에 건설되었으며 예술가들이 선호하는 몽마르트르 남쪽의 누벨아테네 동네에 자리 잡았다. 들라크루아와 베를리오즈, 리스트, 마리 다구, 으젠 수, 성악가 폴린 비아르도가 두 사람이 사는 오를레앙 광장으로 찾아왔다. 근처 샵탈 거리에 사는 네덜란드 출신 화가 아리 쉐퍼(그가 살던 집은 지금 낭만생활 미술관으로 변했다)나 첼리스트 오귀스트 프랑스옴므도 자주 놀러 왔다. 쇼팽은 이 첼리스트를 위해 「첼로와 피아노를 위한 소나타」를 작곡했는데, 쇼팽이 실내악곡을 작곡하는 것은 드문 일이었다. 여름은 노앙에 있는 상드의 가족 소유지에 가서 지냈고, 친구들이 이곳으로 찾아왔다. 이 여류 소설가의 두 자녀, 모리스와 솔랑주도 함께 살았다.

쇼팽은 연주회를 하고 싶어 하지 않아서 상드에게 전적으로 의존하지 않으려면 돈을 벌 다른 방법을 찾아야만 했다. 작품을 출판하기도 했지만, 수입은 주로 개인 레슨에서 나왔다. 쇼팽은 유명한 교사였다. 때로는 사람들이 멀리서까지 찾아와서 레슨을 받기도 했다. 노르웨이의 작곡가이자 피아니스트인 토마스 텔프슨은 노르웨이에서 그를 찾아왔지만, 2년 반을 기다리고 나서야 겨우 레슨을 받을 수 있을 정도였다. 쇼팽은 어느 손가락을 쓰느냐에 따라 음이 완전히 달라질 수 있는 운지법의 중요성을 강조했다. 그는 학생이 긴장을 풀고 음과 음 사이를 끊지 않고 부드럽게 연주할 수 있도록 하는 데 신경을 썼다. 그는 연주자

낭만생활 미술관에 복원된 조르주 상드의 집

쇼팽이 마지막을 보낸 곳 – 2 Pl. Vendôme, 75001 Paris

가 거침없이 자유롭게 자신의 감정을 표현하는 루바토 기법도 가르쳤고, 작품을 더 잘 해석하기 위해 그것을 분석하라고 학생들에게 가르쳤다. 기교를 자랑하며 뽐내는 것을 싫어했기 때문이다. 쇼팽은 마음에 드는 학생에게는 곡을 헌정했는데, 로르 뒤프레에게 바친 「야상곡, 13번(Op. 48 No. 1)」이 그런 경우다. 쇼팽은 새로운 피아노 교습법을 쓸 계획을 하고 있었으나, 개요만 써놓고 나머지 세세한 부분은 텔프슨에게 맡겼다. 하지만 불행하게도 이 제자가 약속을 지키지 않는 바람에 이 새로운 교습법은 완성되지 못했다.

쇼팽과 상드 간의 갈등은 점점 더 고조되어갔다. 그녀와 그녀의 딸 솔랑주 간의 파란만장한 관계가 이 같은 긴장에 일조했다. 쇼팽이 상드가 아닌 솔랑주 편을 들었기 때문이다. 결국 1841년, 두 사람은 헤어졌다. 경제적으로 힘든 상황이 되었고, 그의 건강은 악화되었다. 쇼팽은 어쩔 수 없이 영국 순회 연주를 하자는 제안을 받아들였고 파리에서 마지막으로 연주회를 했다. 이번에도 역시 플레엘의 살롱이었다. 연주를 마치자 그는 기진맥진했다.

절친한 사이였던 델피나 포토카가 그의 머리맡으로 달려왔다. 쇼팽은 1849년 세상을 떠났다. 오늘날의 몇몇 연구자들은 그가 점액과다증으로 사망했을 거로 추정하지만, 그 당시에는 사인을 결핵으로 단정 지었다.

쇼팽의 장례식은 그의 피아노 소나타 2번 「장송곡」이 울려 퍼지는 가운데 마들렌 성당에서 열렸다. 유언에 따라 유해는 파리의 페르라세즈 묘지에 묻혔고, 심장은 바르샤바의 성십자가 성당에 안치되었다.

그는 폴란드와 프랑스에서 자기 삶의 절반씩을 살았다. 파리 생활에 완전하게 동화되었지만 마음속 깊은 곳에서는 늘 사랑하는 조국 폴란드를 한순간도 잊지 않았다. 그의 음악은 우리를 또 다른 세계로 데려간다. 그의 친구였던 퀴스틴 후작이 말했던 것처럼 쇼팽은 우리의 영혼을 뒤흔든다.

제2장

걷는 사람만이 온전히 감상할 수 있는
야외 예술 작품들

주프루아 아케이드 – 10–12 Bd Montmartre, 75002 Paris

계단과 회랑으로 가득 찬 바벨탑,

무한한 궁전, 윤기 없는 혹은

윤나는 금 수반 속으로 떨어지는

폭포와 분수로 가득한*

아케이드 안으로 들어선다

나는 이 꿈과 비밀의 동굴을, 실내의 도로를,

세계가 축소된 하나의 도시를 걷는 산책자가 된다

---

* 보들레르, 『파리의 꿈』

파리 최고의 숨겨진 산책 장소
아케이드

이곳에서 사람들은 번쩍거림에 도취되어
꿈을 꾸듯 자신의 시대를 살아갔다

위대한 사상가 발터 벤야민(1892-1940)은 이렇게 말했다. 아케이드(Passage Couvert. 지붕이 덮인 통로를 말한다)를 19세기 파리의 전형적인 건축양식이자 비밀스러운 상품의 사원으로 묘사했다. 닫혀있는 이 색다른 세계는 센강 우안과 그랑 불바르 거리, 팔레 르와얄궁, 스트라스부르 생드니 거리 주변의 활기찬 도로 뒤편에 은밀하게 숨어 있다.

18세기 말의 파리는 아직 중세에서 벗어나지 못했다. 길거리는 꾸불꾸불했고 거기에 깔린 포석은 울퉁불퉁했으며 인도도, 하수도도 없었다. 가로등이 제대로 설치되지 않아 밤에는 어두컴컴했다. 파리를 산책한다는 건 엄청난 고역이며 매우 위험한 일이었다. 게다가 비라도 내리는 날이면 차도까지 온통 진흙탕으로 변해 거리를 걷는다는 건 아예 생각조차 할 수 없었다.

프랑스 혁명이 일어나고 사제 계급과 귀족 계급의 소유지를 몰수함으로써 넓은 면적의 부동산 개발이

가능해져 아케이드를 만들게 되었다. 카이르 아케이드Passage du Caire●는 가장 오래된 아케이드 중 하나로 1798년 수녀원 자리에 세워졌다. 그와 동시에 부르주아 계급이 출현하고 나폴레옹 전쟁도 끝나 평화로워지면서 상업이 발달하는 분위기가 조성되었다.

중동 국가들의 시장을 모델로 하여 햇빛이 큰 유리창을 통해 직접 쏟아지게 만든 아케이드의 출현은 이집트 원정 이후 파리에 몰아닥친 동양풍의 유행과 일치한다. 처음에는 아케이드의 골조가 나무로 되어 있었으나 19세기 초에 크게 유행한 쇠로 바뀌었다. 일부 아케이드들은 지방으로 떠나는 마차들이 모여 있는 정류장 근처에 있어 여행객들을 손님으로 끌어 모았다.

이런 아케이드에는 여행자들이 시간을 확인할 수 있도록 큰 시계가 붙어 있었다. 신상품을 파는 가게들 옆에는 카페와 독서실, 문학 살롱, 목욕탕, 화장실까지 자리 잡았다. 19세기 전반기에 아케이드는 파리 최고의 산책 장소가 되었다. 그랑 불바르 거리 주변에 모여 있는 극장에서 연극을 보고 나온 사람들은 가스로 난방과 불을 밝히는 밝고 따뜻한 아케이드에서 사교 활동을 했다.

• 2 place du Caire, 75002 Paris

하지만 19세기 후반에 접어들면서 파리 시장 오스만(1809-1891)에 의해 큰 기차역들이 세워지고 양쪽에 인도가 설치된 넓은 길들이 여기저기 뚫리면서 150개에 달했던 아케이드는 사양길을 걷는다. 같은 시기에 백화점까지 생기면서 사람들은 아케이드를 완전히 버려 지금은 20개 정도밖에 남아 있지 않다. 그러다 1980년대 들어 복고풍이 불고 고급 부티크들이 입점하면서 버려졌던 아케이드들이 기적처럼 되살아났다. 폐허로 변했던 아케이드들은 다시 복원되어 예전의 활기를 완전히 되찾았다.

『걷기의 인문학』*을 쓴 리베카 솔닛은 보행자 천국이었던 1970년대의 파리는 그때 모습을 점차 잃어가고 있다고 말했다. 하지만, 아직도 파리는 오직 걷는 자에게만 자신의 모습을 온전하게 드러내 보여주는 도시다. 더더구나 비 오는 날 파리에서 아케이드만큼 좋은 산책 장소는 없다.

루브르 미술관이나 오페라 극장에서 멀지 않으며 팔레 르와얄에서 지척인 비비안 아케이드Galerie Vivienne**로 발길을 옮겨본다. 여러 아케이드 중에서도 가장 아름답고 원형을 거의 그대로 유지하고 있는

• 리베타 솔닛 지음, 김정아 옮김, 2017년, 반비 출간.
•• 5 Rue de la Banque, 75002 Paris

비비안 아케이드 - 5 Rue de la
Banque, 75002 Paris

이곳을 가면 장폴 고티에와 유키 토리 같은 고급 부티
크의 진열창을 들여다봐도 좋고, 1826년에 문을 연
고서점 주스옴에 들어가 로슈귀드 후작이 1909년에
쓴 20권짜리 『파리의 모든 길거리를 산책하기』의 먼
지 낀 책장을 뒤적여도 좋다. 장난감 가게 앞에서 아
이에게 줄 선물을 고르거나 아 프리오리 테 같은 찻집
에서 커피 한 잔에 크루아상을 곁들여도 좋다. 아니면
그냥 이 도시적 풍경이자 방으로서의 아케이드를 그
냥 천천히, 자유롭게 걸어도 좋을 것이다.

　비비안 아케이드는 북쪽에 있는 파노라마 아케

이드Passage des Panoramas•, 주프루아 아케이드Passage Jouffroy와 이어져 있다. 1799년에 건설되었으며 길이가 133미터에 달하는 파노라마 아케이드는 내 어렸을 적 추억을 불러일으킨다. 영화가 발명되기 전에 이 아케이드에서 한 도시 전체를 그린 거대한 풍경화들을 어둠 속에서 회전화回轉畫, 즉 파노라마로 보여주었다는 역사적 사실을 상기시키는 추억이다. 텔레비전을 가진 집이 매우 드물었고 군에 하나밖에 없는 극장에 가려면 거의 두 시간을 걸어가야만 했던 어린 시절, 나는 불빛을 그림에 대어 벽에 확대해 보는 중고 환등기로 나의 빈곤한 상상력을 충족시킬 수밖에 없었다.

주프루아 아케이드는 파노라마 아케이드와 바싹 붙어 있다. 이곳에는 세계적으로 유명한 인물들의 흉상을 밀랍으로 만들어 전시하는 그레뱅 박물관과 나무와 거북이 비늘, 상아, 나전으로 만든 수백 종류의 지팡이를 파는 227년 된 세가 갈르리, 전통적인 장난감을 파는 팽데피스, 고가구와 장식품을 파는 라메종 뒤흐와, 자수용 그림들을 파는 오본외르데담, 게다가 쇼팽 호텔까지 있다. 파리의 지붕이 훤히 내려다보이는 이 호텔의 409호실 쇼팽의 방과 파사주 서점이 있는 이 아케이드는 그야말로 꿈의 공장이다.

• 11 Bd Montmartre, 75002 Paris

'파스타 스타일'이라고 불린
아르누보 작품들

'새로운 예술'이라는 뜻의 아르누보는 19세기 말과 20세기 초 유럽에서 곡선과 곤충, 꽃, 여성에게 바쳐진 예술운동이다.

이 예술은 크게 두 가지로부터 영감을 받았는데, 하나는 자연이고 또 하나는 여성적 형태. 직선을 사용했던 이전 스타일과 달리 아르누보는 곡선을 사용하여 식물이나 동물적인 모티브를 표현한다. 건축물의 정면에는 돌이나 세라믹과 혼합한 주철을 볼 수 있다. 또 다른 특징은 건축물 정면을 지나다니는 사람들이 보지 못하도록 감추는 것이 아니라 오히려 강조한다.

곡선이 많이 사용된다는 이유로 '파스타 스타일'로 불렸던 아르누보는 매우 빠른 속도로 유럽 전역에 퍼져나가 예술의 개념에 작은 혁명을 일으켰다. 그 뒤로 주류 예술(회화, 조각)과 비주류 예술(가구, 포스터)은 동등해졌다.

프랑스의 아르누보는 에밀 갈레를 중심으로 결성된 낭시 화파와 엑토르 기마르에 의해 표현되었다. 이 예술가들은 새로운 형태와 모티브를 도입함으로써 파리의 건축물을 크게 변화시켰다. 사마리텐 백화점이나

카스텔 베랑제
- 12 Rue Jean
de la Fontaine,
75016 Paris

갈르리 라파예트 같은 백화점은 그 당시만 해도 매우 이색적이었던 이 스타일의 완벽한 예라고 할 수 있다.

프랑스에서 아르누보 건축을 대표하는 인물은 엑토르 기마르(1867-1942)다. 본인은 자신의 작품을 '기마르 스타일'이라고 불러주기를 원했지만, 그의 이름은 아르누보 운동과 불가분의 관계로 남아 있다. 그가 설계한 아르누보 양식의 건축물은 대부분 16구의 모차르트 거리와 라퐁텐 거리에 집중되어 있다. 이 중 대표적인 것은 라퐁텐 거리 14번지에 있는 카스텔 베랑제다.

엉뚱하고 기괴한 것을 좋아하는 땅 주인 푸르니에 부인이 아직 무명이던 기마르에게 의뢰하여 지은 이 임대용 아파트는 1898년《르 피가로》신문이 공모한 '파리에서 가장 아름다운 건물 정면' 최고상을 받았다. 기마르는 이 건물에 평면성과 규칙성의 거부라는 원칙을 응용하였고, 건물의 외면뿐만 아니라 실내장식과 가구까지 모두 직접 설계하였다. 모차르트 거리 122번지에는 그가 설계하고 살았던 기마르의 집이 있으며, 마레 지구에는 그가 설계한 유대인 예배당이 있다.

그의 작품 중에서 가장 널리 알려진 작품은 파리

기마르의 집 – 122 Av. Mozart, 75016 Paris

지앵들이 매일같이 이용하는 장소, 즉 지하철에 있다. 1899년 파리지하철공사는 1900년에 역사상 처음으로 파리에서 개통될 이 새로운 교통수단(1호선)의 입구를 설계해 줄 건축가를 공모했다. 기마르는 주철을 사용하고 표준화된 생산 과정을 채택해 사람들을 매혹시켰다. 이 모델을 서로 나른 형태를 가진 모든 지하철역에 적용함으로써 지하철공사는 엄청난 액수의 비용을 절감할 수 있었다.

기마르가 자연에서 영감을 얻어 잠자리 모양으로 설계한 포르트 도핀Porte Dauphine과 레자베스Les Abbesses, 샤틀레Chatelet 지하철역 입구는 아직도 원형을 그대로 유지하고 있다. 또 오르세 미술관에 가면 아르누보 양식의 가구와 세라믹 제품 등을 볼 수 있다.

아르누보 양식으로 디자인된 포르트 도핀 지하철역
- Place du Maréchal-de-Lattre-de-Tassigny, 75016 Paris

나는 왜 파리를 사랑하는가

이 여성은
무슨 생각을 하고 있을까?

작가 앙드레 지드는 1905년 가을 살롱전에 전시되어 일대 센세이션을 불러일으킨 〈지중해〉La Méditerranée를 보고 이렇게 말했다. "이 작품은 아름답다. 이 작품은 아무것도 의미하지 않는다. 이것은 침묵하는 작품이다."

루브르 미술관과 튈르리 공원 사이에 카루셀 개선문이 있고, 이 작은 개선문을 같은 이름의 공원이 좌우에서 둘러싸고 있다. 이 공원을 천천히 걷다 보면 루벤스나 르누아르, 보테로의 관능적이고 풍만한 여성 누드 작품을 연상시키는 열아홉 점의 청동 조각들이 덤불 숲 사이 여기저기에 눕거나 앉거나 서 있는 모습을 볼 수 있다. 이것은 카르포와 로댕, 브루델에 이어 프랑스 조각을 대표하는 조각가 아리스티드 마이욜(1861-1944)의 작품들이다.

마흔이라는 늦은 나이에 조각의 세계에 입문한 마이욜은 회화의 세잔이 그랬듯 조각의 영역에서 19세기의 묘사적 예술과 완전히 결별하고 20세기의 추상 예술로 가는 길을 열었다.

나는 이 중에서도 특히 로댕이 조각한 〈생각하는 사람〉의 여성 버전이라고 할 수 있는 〈지중해〉를 좋아

아리스티드 마이욜, 〈지중해〉 – 카루셀 공원
– 6, Av. du Général Lemonnier, 75001 Paris

한다. 한 여성이 깊은 생각에 잠겨 있다. 왼쪽 팔꿈치
는 굽힌 무릎에 괴고, 왼손은 머리에 갖다 대고 있으
며, 오른손으로는 바닥을 받치고 있다. 이 작품의 원
래 제목은 '쭈그리고 앉아 있는 젊은 여성'이었다. 그
런데 마이욜은 "어느 날 햇빛이 환하게 비치자 이 작
품이 마치 살아 있는 듯 눈부시게 빛났다"라고 말하며
〈지중해〉라는 제목을 붙였다.

　　이 작품은 로댕이 대표하는 19세기의 '몸짓하는
조각(쥐디트 클라델)'과 완전히 결별한다. 감정을 과장되

게 표현하지도 않는다. 근육이 툭툭 튀어나와 있지도 않다. 이 작품을 아름답게 만드는 것은 그 정적인 고요함과 단순함, 충만함이다. 깊은 생각에 빠져 있는 이 여성의 아름다움은 그녀의 내면에서 풍겨 나온다. 이 작품을 감상하기 위해서 문학적, 신화적, 종교적 지식은 필요하지 않다. 이 작품은 그냥 그 자체로 시공을 초월하여 영원히 살아 있는 듯 보인다.

카루셀 공원의 야외 미술관에는 〈지중해〉 말고도 〈밤〉, 〈여름〉, 〈미의 삼여신〉, 〈플로라〉, 〈포모나〉, 〈길게 누워 있는 처녀〉, 〈님프〉, 〈풀어 헤쳐진 드레스 차림의 욕녀〉, 〈억압받는 투쟁〉*, 〈산〉, 〈공기〉**, 〈강〉*** 등의 작품이 전시되어 있다.

이 중 많은 작품은 마이욜이 73세 때인 1934년에 알게 된 디나 비에르니(당시 15세)라는 여성이 모델이다. 그녀는 마이욜이 세상을 떠날 때까지 10년 동안 그의 뮤즈이자 협력자였다. 그녀는 마이욜이 죽고 나자 그의 작품을 많은 사람에게 알리기 위해 1964년, 당시 문화부 장관이었던 앙드레 말로의 결정에 따라 이 열

---

* 생애 대부분을 감옥에서 보내 '갇혀 있는 자'라고 불렸던 프랑스의 사회주의 혁명가 오귀스트 블랑키에게 헌정된 작품.
** 1938년. 우편 비행기 조종사들에게 바쳐진 작품.
*** 1938년. 한 여성이 뒤로 넘어진 채 앞에서 세차게 불어오는 바람에 날아가지 않으려 애쓰고 있다. 이것은 전운이 감도는 불안한 시대적 분위기에 대한 비유다.

아홉 점의 작품을 카루셀 공원에 설치하였다. 또 그녀는 1995년 파리에 마이욜 미술관•을 설립하였다.

〈두 개의 고원〉Les Deux Plateaux(보통 '뷔랑의 기둥'이라고 불린다)은 루브르 미술관 근처 팔레 르와얄궁 안뜰 3,000제곱미터를 차지하고 있는 작품이다. 검은색 줄무늬가 들어가 있으며 크기가 다른 흰색 대리석 기둥 260개로 이루어져 있다. 두 개의 층으로 되어 있는데, 한 층은 안뜰에 있고 또 한 층은 지하에 있다. 원래는 지하층에 물을 채워 기둥이 물속에 반사되도록 하려고 했으나 실현되지 않았다.

이 작품은 설치되기 전부터 큰 논쟁을 불러일으켰고, 공사를 중단시켜달라는 청원서가 돌기도 했다. 반대하는 사람들은 이 작품을 설치할 경우 17세기부터 오를레앙 왕가의 거처였던 팔레 르와얄궁이 훼손될 것이라고 주장했다. 심지어 이 작품을 주문한 프랑스 문화부에서는 작품이 완성되기도 전에 철거를 검토하기까지 했다. 결국, 작가 다니엘 뷔랑(1938-)은 국가를 상대로 소송을 제기했고, 우여곡절 끝에 작품이 설치되었다.

그러나 2000년에 이 작품은 거의 폐허에 가까울 정도로 황폐화되었고, 어떤 사람들은 문화부 관료들

• 61, Rue de grenelle, 75007 Paris

다니엘 뷔랑, 〈두 개의 고원〉 – 팔레 르와얄궁
– 8, rue de Montpensier, 75001 Paris

이 일부러 이 작품을 철거하기 위해 이 작품을 방치했다고 주장했다. 다시 논쟁이 벌어졌고, 작품은 완전히 보수되어 2010년 다시 설치되었다.

　퐁피두센터 옆에 〈스트라빈스키 분수〉La Fontaine Stravinsky라고 불리는 예술 작품을 볼 수 있다. '자동인형 분수'로도 불리는데, 1983년 장 팅겔리(1925-1991)와 니키 드 생 팔레(1930-2002) 부부가 설치한 이 작품의 이름은 20세기 음악가인 이고르 스트라빈스키에게서 따왔으며, 그의 음악 작품에서 영감을 얻었다. 스

장 팅겔리, 니키 드 생 팔레, 〈스트라빈스키 분수〉 - 스트라빈스키 광장
- Rue Brisemiche, 75004 Paris

트라빈스키 분수는 너비 17미터, 길이 33미터이며, 열여섯 개의 조각(불새, 땅의 열쇠, 소용돌이, 코끼리, 여우, 뱀, 개구리, 대각선, 죽음, 세이렌, 밤꾀꼬리, 사랑, 삶, 심장, 피에로의 모자, 래그타임)이 580제곱미터의 못에 설치되어 있다.

　　니키 드 생 팔레는 조형 예술가, 화가, 조각가이자 영화감독이다. 정규 미술교육을 받은 적이 없는 그녀는 아이를 낳고 난 뒤 완전히 독학으로 미술 세계에 입문하였다. 또한 동시대 예술가들과 교류하고 소박파• 미술이나 아웃사이더 아트 같은 다양한 예술운동

• 1910년대 루소를 중심으로 모인 화가들의 유파. 대부분 직장을 가지고 여가에 그림을 그리는 아마추어로, 일상생활과 민중 설화를 주로 그렸다.

에서 영감을 얻어 자신만의 독창적인 예술 세계를 구축하였다. 그녀는 예순네 살 때 쓴 『나의 비밀』이라는 책에서 열한 살 때 친아버지에게서 성폭행을 당했다는 사실을 털어놓았다. 그녀는 그로 인해 생긴 심각한 신경쇠약증을 치료하기 위해 정신병원에 입원했고, 거기서 그림을 그리기 시작했다.

> "나는 정신병원에서 그림을 그리기 시작했다…. 거기서 나는 광기의 어두운 세계를 발견했고, 정신병을 어떻게 치료할 수 있는지를 알게 되었다. 이 미친 자들의 세계에서 나는 나의 감정과 두려움, 폭력, 희망, 그리고 즐거움을 그림으로 표현하는 방법을 배웠다."

그녀는 〈사격〉이라는 행위 예술로 전 세계에 이름을 알렸고, 〈나나〉 시리즈와 〈골렘〉, 〈타로의 정원〉, 〈동굴〉, 〈흑인 영웅들〉 같은 대표작을 가지고 있다. 미국의 흑인들을 지지하고, 여성들이 가부장제로부터 해방되기 위해 싸웠으며, 에이즈 환자들을 도왔다. 그녀의 작품은 몽파르나스 묘지에서도 두 점 볼 수 있다. 하나는 그의 조수였던 이탈리아인 리카르도 메논의 무덤 위에 세워진 붉은색과 하얀색 고양이 조각이고, 또 하나는 친구 장-자크에게 바친 날아가는 새의 조각이다. 하지만 이 무덤은 비어 있다. 그냥 친구에 대한 경의의 표시인 것이다.

철근 콘크리트에 에폭시 수지를 씌워 만든 이 거
대한 작품(높이 24미터, 너비 12미터)은 장 뒤뷔페(1901-
1985)가 1962년에서 1974년 사이에 만든 우를루프
L'Hourloupe 연작에 속한다. 우를루프란 푸른색이나 붉
은색 같은 원색과 흰색이나 검은색 같은 비색을 사용
하는 조형 언어를 가리킨다. 이 언어는 반자동 글쓰기
와 흡사하게 선영線影과 단일 색조, 잡색들로 이루어져
있다. 뒤뷔페는 이 우를루프 언어를 회화와 조각, 건
축, 공연 등 모든 표현 형태에 적용한다. 그는 에폭시
수지로 거대한 조각을 만들어 내고, 이 조각의 푸른색,
흰색, 붉은색 형태를 검은색으로 두른다.

장 뒤뷔페는 관람객이 작품 앞에 서는 것이 아니

장 뒤뷔페, 〈형상들이 있는 탑〉
– 생제르맹 섬,
이씨레물리노
– 170, Quai de Stalingrad,
92130, Issy-les-
Moulineaux

라 작품으로 들어갈 수 있도록 탑을 만들었다. 이렇게 해서 관람객은 이미지 속으로 들어가 우를루프의 세계 속에 잠기는 것이다. 뒤뷔페는 우를루프 연작에 속하는 다른 작품들처럼 〈형상들이 있는 탑〉La Tour aux Figures에서도 현실과 우리 주변의 세계에 대한 우리의 해석을 문제 삼는다. 관람객은 이 작품에 그려진 모티브들의 뒤틀린 형태를 보며 현실 세계와 상상의 세계에 대해 성찰하게 된다.

왜 '제4의 사과'일까?

프랑스 조각가인 프랑크 스퀴르티(1965-)의 〈제4의 사과〉La Quatrième Pomme는 프랑스의 위대한 공상적 사회주의 철학자 샤를 푸리에에게 경의를 표하기 위해 만들어진 작품이다.

그런데 왜 '제4의 사과'일까? 푸리에는 어느 날 파리의 어느 고급 식당에서 저녁 식사를 했고, 그때 먹은 사과 한 알의 가격이 그날 아침 지방 도시 루앙의 시장에서 사 먹은 사과 한 알보다 백 배나 비싼 것을 보고 문득 한 가지 사실을 깨달았다. 즉 이 같은 가격 격차는 완전히 부당하며, 사회가 가격 교환과 경쟁에 기반해 있어서 생긴 결과라는 것이었다. 푸리에는 같은 나라에서 사과 가격이 이처럼 크게 차이 나는 이유

프랑크 스퀴르티, 〈제4의 사과〉 - 클리쉬 거리
- Bd de Clichy, 75018 Paris

는 중간 상인들의 농간과 상인들의 협잡 때문이라고 주장하며 사회의 조화 원칙이라는 이론을 정립하게 된다. 그러면서 그는 인류의 역사가 네 개의 사과로 결정되었다고 말한다. 첫 번째는 이브가 아담에게 준 사과, 두 번째는 파리스가 비너스에게 준 사과, 세 번째는 뉴턴의 사과, 그리고 네 번째는 그에게 중간 상인들이 농간을 부리고 상인들이 사기를 친다는 사실을 알려준 그 사과다.

이 작품이 설치된 장소에는 원래 푸리에의 동상이 있었지만 제2차 세계대전 당시, 비시 정권에 의해 이 동상은 기단 부분만 남기고 철거되었다. 이 기단 위에 설치된 〈제4의 사과〉는 알루미늄으로 되어 있어서 주변의 집들과 하늘을 반사한다.

파리 시내 한가운데, 팔레 르와얄궁과 코메디 프랑세즈 건물이 마주 보이는 팔레르와얄-뮈제뒤루브르 지하철역에는 〈밤에 나다니는 사람들의 가판대〉Le Kiosque des Noctambules라는 이름의 독창적인 작품이 설치되어 있다. 처음에는 '무례한 여자'라고 이름 붙여졌던 이 작품은 프랑스 조형 예술가인 장-미셸 오토니엘(1964-)의 작품이다.

파리지하철공사가 파리 지하철 개통 100주년을

장-미셸 오토니엘
〈밤에 나다니는 사람들의 가판대〉
– 콜레트 광장
– 12, place de Colette, 75001 Paris

기념하여 개최한 공모전에 당선된 오토니엘에게 주문한 이 작품은 알루미늄을 녹여서 만든 공과 무라노산 유리를 진주목걸이처럼 결합한 다음 알루미늄 구조물로 연결하여 만들었다. 여섯 개의 얇은 기둥 위에는 회전목마나 20세기 초의 파리 가판대를 연상시키는 둥근 지붕이 얹어져 있다. 그리고 유리로 만든 두 명의 작은 인물이 이 두 개의 지붕 위에 서서 지하철역을 내려다보고 있다.

이 두 지붕은 서로 대조되는 색을 띠고 있어서 뚜렷하게 구분되는데, 하나는 낮의 따뜻한 색조이고, 또 다른 하나는 밤의 차가운 색조다. 태양이 이 낮의 아치와 밤의 아치를 환히 비추면 콜레트 광장은 꼭 보석상자를 활짝 연 것처럼 눈부시게 빛나며 꿈의 세계로 바뀐다.

피카소가 사랑한 연인
도라 마르

파리는 카페 문화로 상징될 만큼 오랜 역사와 스토리를 가진 카페들이 많다. 생제르맹 거리에 있는 레 되 마고Les Deux Magots*는 1885년에 문을 연 이래 100년

• 6 Pl. Saint-Germain des Prés, 75006 Paris

이 지난 지금까지 이어지고 있다. 헤밍웨이, 랭보, 사르트르, 앙드레 지드 등 그 당시 문학가와 예술가들이 모여든 명소 중 하나였던 이곳에는 여전히 사람들의 발길이 끊이지 않는다. 피카소 역시 이 카페의 단골손님이었다. 레 되마고를 가면 근처에 있는 작은 공원인

피카소
〈도라 마르 흉상〉
- 로랑-프라슈 공원
- Square
Laurent-Prache,
1, Place Saint-
Germain des
Prés, 75006 Paris

로랑-프라슈 공원으로 가보자. 여기에서는 피카소가 시인 아폴리네르에 대한 경의의 뜻으로 조각한 연인 〈도라 마르 흉상〉을 만날 수 있다.

그리고 1937년 5월 11일, 피카소는 거기서 걸어서 10분도 채 걸리지 않는 그랑조귀스탱 거리 7번지에서 〈게르니카〉를 그리기 시작하여 같은 해 6월 초에 완성했다.

5월 1일, 첫 번째 스케치들이 그려졌다. 그 이후에 그랑조귀스탱 거리에 있는 그의 아틀리에에서 40점의 스케치가 더 그려졌고, 프랑스 사람이지만 크로아티아 사람의 피가 좀 섞여 있기도 하고 아르헨티나 사람의 피가 좀 섞여 있기도 한 초현실주의 예술가이자 파시즘 반대자인 그의 연인 앙리에트 도라 마르코비치(일명 도라 마르)가 이것들을 사진으로 찍었다. 화가는 처음에는 외부에서 벌어졌던 그 장면을 실내 장면으로 만들어 놓았다. 마치 학살이 아틀리에에서, 그러니까 관객이 그 장면을 보게 될 바로 그 방에서 일어난 것처럼 말이다.

_『스페인의 밤』• 중에서

• 아델 압데세메드·크리스토프 오노-드-비오 지음, 이재형 옮김, 2021년, 뮤진트리 출간.

상처 난 마음이 치유되기를

전 세계의 연인들이 모여드는 40제곱미터 넓이의 벽이 한눈에 들어오는 곳. 아베스 광장에 전시된 이 작품에는 유약을 입힌 타일 612개가 붙어 있으며, 이 타일에 250개 언어로 쓰인 311개의 "당신을 사랑해"라는 글귀가 있다. 여기저기 붉은색 파편이 보이는데, 이것은 인간의 상처 난 마음을 의미한다. 〈사랑해의 벽〉Le Mur des Je t'aime은 이 상처 난 마음이 치유되기를 기원한다.

프레데리크 바롱·클레르 키토·다니엘 불로뉴, 〈사랑해의 벽〉 – 아베스 광장
– Square Jehan Rictus, Place des Abbesses, 75018 Paris

어니스트 헤밍웨이

'셰익스피어 앤 컴퍼니' 서점의
문을 열고 들어가다

내성적인 성격의 소년이었던 어니스트 헤밍웨이(1899-1961)는 방에 틀어박혀 책만 읽다가 글을 쓰기로 마음먹는다. 고등학생이었던 그는 학교 신문에 중편소설을 싣고 저널리즘 수업에 등록하기도 한다. 이후 제1차 세계대전에 참전하여 꼭 싸워보고 싶어 했으나 근시라는 이유로 병역을 면제받았다. 그러자 그는 적십자에 자원봉사자로 지원하여 이탈리아 전선에서 앰뷸런스 운전사로 일하다 오스트리아군의 포탄을 맞아 다리에 중상을 입고 1919년, 영웅 대접을 받으며 집으로 돌아온다.

시카고에서 당시 인기 작가였던 셔우드 앤더슨을 알게 되고, 앤더슨은 헤밍웨이에게 문체도 다듬고 다른 작가들과도 알고 지낼 겸 파리로 가라고 충고한다. 1921년, 여덟 살 연상의 엘리자베스 해들리 리처드슨과 결혼한 헤밍웨이는 작가의 소명을 실현하기 위해 프랑스에 가기로 한다. 캐나다 토론토의 일간지 《토론토 스타》가 그를 유럽 특파원으로 파견했다.

1920년대의 파리는 미국인들의 엘도라도였다. 달

헤밍웨이 부부가 파리에서 처음 묵었던 '영국 호텔'
– 44 Rue Jacob 75006 Paris

러 환율이 유리했기 때문에 생활비가 덜 들기도 했지만, 무엇보다도 이 나라에는 '금지'라는 것이 존재하지 않았다. 미국이라는 나라가 더 이상 자유를 상징하지 않았던 반면, 파리는 모더니티의 수도였다. 카페 테라스는 손님으로 만원을 이루었고 화가와 음악가, 시인이 득실거렸다. 파리는 인정받고 싶어 하는 작가들이라면 반드시 거쳐 가야만 하는 일종의 성지 같았다.

1921년 12월 22일, 헤밍웨이와 해들리 부부는 '빛의 도시' 파리에 도착했다. 그리고는 파리의 문화 거리라 할 수 있는 센강 남쪽 생제르맹데프레 동네의 영국 호텔Hôtel d'Angleterre에 짐을 풀고 프랑스에서의 첫날밤을 보낸다. 두 사람은 주로 미국인들이 묵던 이 호텔 14호실에서 2주가량 지냈다. 헤밍웨이는 파리에서 1928년까지 7년 동안 살았고, 그 뒤로도 여러 차례 이 도시를 다시 찾게 될 것이다.

이곳에서 헤밍웨이는 '모더니즘의 여자 교황'이라 불리던 거르투드 스타인(1874-1946)을 알게 된다. 스타인은 그의 멘토가 되어(나중에 사이가 틀어졌지만), 피카소나 후안 미로 같은 화가들뿐만 아니라 F. 스콧 피츠제럴드와 T. S. 엘리엇, 제임스 조이스, 존 스타인벡, 윌리엄 포크너, 이사도라 덩컨, 프란츠 카프카, 헨리 밀러, 올도스 헉슬리 등 '잃어버린 세대'라고 불리던 예술가들과 작가들, 지식인들을 헤밍웨이에게 소개해 주었다.

> 카르디날-르무안 거리에 있는 우리 집은 뜨거운 물도 안 나오고 화장실도 없었으며 있는 거라곤 양동이 하나뿐이었다. 하지만, 미시간주의 오두막집에 익숙해진 사람에게는 그래도 나름 안락하게 느껴지는 방 두 개짜리 아파트였다. 이 환하고 전망 좋고 아름다운 아파트의 마룻바닥에는 안락한 침대 밑판과 푹신푹신한 매트리스가 놓여 있고, 벽에는 우리가 좋아하는 그림들이 걸려 있었다.
>
> _ 헤밍웨이, 『파리는 날마다 축제』 중에서

그는 1920년대만 해도 집세가 싸서 학생들과 노동자들이 모여 살았고, 바로 옆 콩트르스카르프 광장

헤밍웨이 부부가 살았던 카르디날-르무안 거리의 집

과 무프타르 거리에 저렴한 식당과 카페가 모여 있던 이 서민 동네를 좋아했다. 이웃 사람들과 좋은 관계를 유지했고, 특히 아파트 1층에 있던 댄스홀 주인과 친했다. 이 댄스홀에서는 사람들이 인도에 식탁을 내놓고 아코디언의 반주에 맞추어 신나게 춤을 추었다. 아마도 우디 앨런이 연출한 「미드나잇 인 파리」에서 주인공 질이 자정 넘은 시간에 1920년대의 마차를 타고 가서 참석한 파티의 분위기도 이렇지 않았을까? 질은 조세핀 베이커가 춤을 추고 있는 이 파티에서 장 콕토와 콜 포터, 스콧 피츠제럴드와 젤다 피츠제럴드를, 그리고 어느 카페에서 헤밍웨이를 만난다. 그리곤 『파리는 날마다 축제』에 쓴 것처럼 이렇게 말했을 거다. "바로 이것이 우리 젊은 시절의 파리였다. 우리는 지독하게 가난했지만 무척이나 행복했다."

헤밍웨이는 집이 좁기도 했고 무도회가 시작되면 시끄럽기도 했으므로 여기서 100미터쯤 떨어진 데카르트 거리 39번지 건물 맨 꼭대기 층에 원룸을 얻어 이따금 여기서 글을 썼다. 그런데 이 원룸은 바로 상징주의 시인 폴 베를렌이 1896년 1월 8일, 쉰한 살의 나이에 급성폐렴으로 숨을 거둔 바로 그 방이다. 헤밍웨이가 이 방을 얻은 것이 1922년이었으니 어쩌면 그는 여기서 이 저주받은 시인을 생각하며 「가을 노래」를 읊지 않았을까.

가을날 바이올린의

긴 흐느낌

단조롭게 나른하여

내 마음

힘드네

종소리 울리면

창백해지고

숨 막혀

옛날 일 기억나서

눈물 흘리네

그리고 모진 바람이 불면

휩쓸리고

끌려 가네

여기저기로

낙엽처럼 그렇게

    헤밍웨이는 셔우드 앤더슨의 충고에 따라, 원래는
뒤퓌트랑 거리에 있다가(1919-1921) 오데옹 거리 12번
지로 옮긴 셰익스피어 앤 컴퍼니 서점의 문을 열고 들
어갔다. 영어권 작품들을 전문적으로 취급하는 이 서
점은 미국인 실비아 비치가 1919년에 문을 열었고,
우리가 알고 있는 잃어버린 세대 작가들은 물론이고
폴 발레리나 앙드레 지드 같은 프랑스어권 작가들도
드나들었다. D. H. 로렌스의 『채털리 부인의 사랑』처

셰익스피어 앤 컴퍼니 – 37 Rue de la Bûcherie, 75005 Paris

럼 영국이나 미국에서 판매 금지된 작품들을 사거나 빌릴 수 있었기 때문이었다. 출판사를 운영하기도 했던 실비아 비치는 1922년 이곳에서 제임스 조이스의 『율리시스』 초판을 발행했으나 곧 영국과 미국에서 판금 되었다.

여기서 헤밍웨이는 톨스토이와 도스토옙스키, 엘리엇, 조이스뿐만 아니라 플로베르와 스탕달의 작품을 접했고, 에즈라 파운드, 스콧 피츠제럴드, 거르투드 스타인, 제임스 조이스와 우정을 쌓았다. 그는 『파리는 날마다 축제』에서 이 서점에 대해 언급하기도 한다. 이 서점은 지금은 뷔슈리 거리 37번지에 있다.

셰익스피어 앤 컴퍼니 서점에서 나온 그는 클로즈리데릴라 카페에 가서 글 쓰는 일에 몰두하기 전에 뤽상부르 공원 앞에 있는 거르투드 스타인•의 집에 들렀

이곳에서 제임스 조이스의 『율리시스』를 처음 출판했다는 현판 – 오데옹 거리

클로즈리데릴라 카페 - 171 Bd du Montparnasse, 75006 Paris

다. 마티스의 작품을 수집했고 피카소가 자기를 그렸다는 사실을 자랑스러워했던 그녀는 어머니처럼 젊은 헤밍웨이를 보호해 주고, 정확하고 명료하고 읽기 쉽게 글 쓰는 법을 가르쳐 주었다. 또 옷 사 입을 돈으로 미로의 작품을 사라고 조언해 주기도 했다. 최면에 걸린 듯이 그녀의 절대적인 영향 아래에 있던 헤밍웨이는 그 바람에 늘 거지처럼 꾀죄죄한 모습으로 다녔다.

헤밍웨이에게 파리는 무엇보다도 한 잔 마실 수 있는 훈훈한 카페였고, 3프랑 6수에 한 끼 식사를 해결할 수 있는 음식점이었다. 그는 클로즈리데릴라 카페에 자리 잡고 혼자 글을 쓰거나 친구들을 만나는 것을

• 미국의 작가이자 시인(1897-1946)

좋아했다. 이곳의 테라스는 네이 장군의 동상이 서 있는 정원 쪽 나무 그늘에 있어서 무척 쾌적했다. 아내 해들리는 그에게 휴대용 코로나 타자기를 선물해 주었다. 그녀는 나중에 이렇게 얘기할 것이다. "헤밍웨이는 훈련 중인 권투선수들의 파트너였고, 카페 종업원의 친구였고, 창녀들의 얘기 상대였어요"라고.

1923년 헤밍웨이는 처녀작인 『세 편의 이야기와 열 편의 시』를, 1926년에는 『우리 시대에』를 발표했다. 폭력과 전쟁, 죽음의 주제가 이미 이 두 작품에 나타난다. 절대 지워지지 않는 부상의 기억은 그의 작품 전체를 꿰뚫는 강박적 모티브가 된다.

1926년 발표한 『태양은 다시 뜬다』에서 포탄을 맞아 온몸이 만신창이가 된 주인공은 아무리 광적으로 쾌락을 추구해도 결코 숨길 수 없는 절망과 허무를 체험한다. 이 작품에는 조국을 떠나 파리에 사는 젊은 군상들의 삶이 묘사되어 있다. 거르투드 스타인에 따르면 이것은 잃어버린 세대의 이야기다.

그는 『무기여 안녕』(1929)과 『누구를 위하여 종은 울리나』(1940)를 발표하여 세계적인 작가가 되고 난 1944년, 종군기자가 되어 다시 파리로 돌아온다. 이후 1954년에 노벨문학상을 받았으나 1961년 7월 2일

권총으로 스스로 목숨을 끊었다. 그리고 그가 죽고 난 3년 후에 『파리는 날마다 축제』가 출판되었다.

제3장

빛이 색채가 되고 주인공이 되다
오르세 미술관 속으로

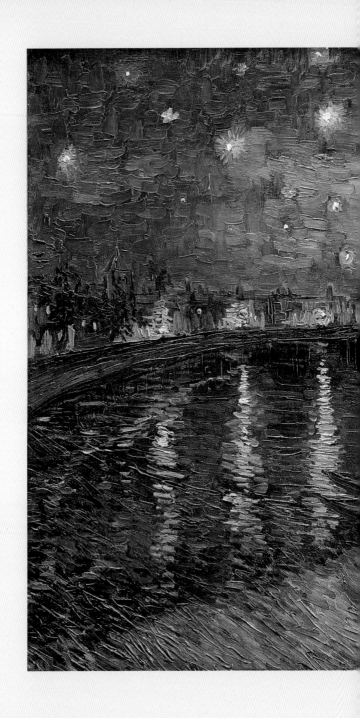

나는 왜 파리를 사랑하는가

빈센트 반 고흐, 〈별이 빛나는 밤〉, 1888년, 73×92cm, 5층 35번 전시실

별이 빛나는 밤

푸른색과 흰색을 칠하고

여름날의 풍경을 바라봐

내 영혼에 어둠이 있다는 걸 아는 눈으로

언덕 위의 그림자

나무와 수선화를 그려봐

산들바람과 겨울의 강추위를 그려봐

눈이 내린 것처럼 하얀 리넨 캔버스에 색으로

이제 나는 알아

당신이 내게 무슨 말을 하려고 했는지

그리고 당신이 온전한 정신으로 살려고 얼마나 애썼는지

그리고 그들을 해방시키려고 얼마나 애썼는지

그들은 듣지 않았을 거야, 어떻게 해야 할지도 몰랐고

아마 이제는 귀 기울일지도 모르지

별이 빛나는 밤

환하게 타오르며 불길에 휩싸인 꽃들이

보랏빛 실안개 속에서 소용돌이치는 구름들이

빈센트의 연회청색 눈 속에 반사되네

색조로 바뀌는 색들

황금색 질감의 아침 들판

고통으로 주름지고 그을린 얼굴들이

화가의 사랑스런 손길로 위로받네

이제 나는 알아

당신이 내게 무슨 말을 하려고 했는지

그리고 당신이 온전한 정신으로 살려고 얼마나 애썼는지

그리고 그들을 해방시키려고 얼마나 애썼는지

그들은 듣지 않았을 거야, 어떻게 해야 할지도 몰랐고

아마 이제는 귀 기울일지도 모르지

그들은 당신을 사랑할 수 없었어

하지만 당신의 사랑은 여전히 진심이었지

아무런 희망이 보이지 않을 때도

그 별이 빛나는 밤에

_ 돈 맥클린, 「빈센트」 중에서

오르세 미술관
– 1 Rue de la Légion
d'Honneur, 75007 Paris
* 오르세 미술관의 작품들은
전시 위치가 자주 바뀌니
유의해야 한다.

지금의 오르세 미술관 자리에는 원래 나폴레옹 1세 시대에 지어진 3층짜리 오르세궁이 있었고, 이 궁에는 감사원과 국무위원회 등 공공기관이 들어가 있었다. 그러나 이 궁은 1871년 일어난 파리코뮌 당시 코뮌군에 의해 불타 없어진다. 거의 30년 동안 폐허로 남아 있던 이 장소에 기차역이 들어선 것은 1900년의 일이다. 건축가 빅토르 랄루는 쇠와 유리를 사용하여 거대한 구조물을 짓고 이 구조물을 돌로 둘러쌌다.

하지만 이 기차역은 너무 좁아서 먼 곳으로 가는 큰 기차는 들어올 수 없었다. 그리하여 오르세역은 결국 폐쇄되었고, 1983년까지 그림과는 아무 관련이 없는 여러 가지 용도로 사용되었다. 1977년 당시 대통령이었던 지스카르-데스탱이 이곳을 미술관으로 사용하자는 아이디어를 내놓았고, 1983년 후임 미테랑 대통령이 이 아이디어를 구체화해 1986년 말, 드디어 인상파와 후기인상파 작품을 주로 전시하는 오르세 미술관이 문을 열게 되었다. 전시 면적이 16,000제곱미터에 달하는 이곳에는 연간 3백만 명가량의 관람객이 찾아온다.

밀레와 쥘 브르통이 그린
〈이삭 줍는 여인들〉

오르세 미술관 1층, 사람들의 발걸음을 멈추게 하는 그림이 있다. 바로 밀레(1814-1875)의 〈이삭 줍는 여인들〉Les glaneuses이다. 〈만종〉과 더불어 밀레의 작품 중에서 가장 널리 알려져 있다. 세 여성이 밭에서 뭔가를 줍고 있다. 맨 왼쪽의 푸른색 보자기를 둘러쓴 여성은 땅에 떨어진 밀알을 줍는 듯하고, 빨간 보자기를 쓴 가운데 여성은 밀 줄기 하나를 집어 들었다. 허리를 굽히고 일하는 이 두 여성과는 달리 맨 오른쪽 세

장-프랑수아 밀레, 〈이삭 줍는 여인들〉, 1857년, 83.5×110cm, 1층 4번 전시실

번째 여성은 허리를 살짝 숙인 채 이삭을 몇 개씩 묶어 다발을 만들 준비를 하고 있다.

　사회의 최하층 계급에 속하는 이 가난한 여성들은 살림에 조금이라도 보탬이 될까 하여 수확을 마친 남의 땅에서 얼마 안 되는 이삭을 줍고 있다. 남의 땅에서 수확이 끝난 뒤에 짚이라든가 이삭, 열매, 감자 등을 줍는 것은 중세 이래 일종의 관습처럼 허용되었다. 따라서 이삭줍기는 불법이 아니었고, 농작물 절도와는 구분되었다. 말을 탄 지주가 지켜보고 있는 가운데 일꾼들이 쌓아 올린 어마어마한 노적가리가 이들이 아픈 허리를 어루만져가며 힘들게 줍고 있는 얼마 안 되는 이삭과 서글픈 대비를 이룬다. 하지만 몇 개 안 되는 이삭이라도 얼른 줍지 않으면 그나마 그림 오른쪽 위편에 점점이 찍혀 있는 새들에게 다 빼앗기고 말 것이다.

오르세 미술관에는 같은 이름의 작품이 또 하나 있다. 쥘 브르통(1827-1906)이 그린 〈이삭 줍는 여인들〉Le Rappel des glaneuses이다. 이삭을 줍던 여인들이 해 질 무렵이 되자 일을 끝내고 뿌듯하고 행복한 표정으로 밭을 떠나고 있다. 나폴레옹 3세의 부인 으제니 왕후는 이 시적이며 목가적인 작품을 보자마자 바로 사들였다. 그러나 이 작품은 현실이 아니고 하나의 이상에 불과하다.

쥘 브르통, 〈이삭 줍는 여인들〉, 1859년, 90.5×176cm, 1층

도미에
〈빨래하는 여인〉
1863년경
49×33.4cm
1층 4번 전시실

　　이삭을 주워서는 도저히 입에 풀칠할 수 없었던 밀
레의 여인들은 농촌의 지긋지긋한 가난을 견디지 못
하고 결국 도시로 나가 〈빨래하는 여인〉(도미에)이나
〈빨래 다리는 여자들〉(드가), 〈마루를 대패질하는 사람
들〉(카이유보트) 같은 도시 빈민이 될 것이다.

19세기 노동자의 삶을 표현한 그림들

에드가 드가(1834-1917)는 파리에서 열린 인상파 전시회(1874-1886)에 일곱 번이나 참석했다. 하지만, 풍경에 대해서는 아무 관심이 없었고 주로 경마라든가 벌거벗고 몸단장하는 여성, 오페라 극장의 발레리나, 오케스트라의 음악가들, 노동하는 여성 등 현대생활의 장면들에 관심을 가졌다.

19세기에 산업혁명이 일어나면서 프랑스 농촌에서는 농작물 생산이 빠르게 기계화되었다. 기계가 농민들을 대체하자 농민들은 어쩔 수 없이 대도시로 이주해야만 했다. 그 결과 19세기 후반 프랑스에서는 도시 노동자들의 숫자가 엄청나게 늘어났다. 1886년 당시 프랑스의 도시 노동자 수는 3백만 명을 넘었고 그중 3분의 1이 여성이었는데, 대부분은 남성의 힘이 덜필요해진 화학공업과 섬유산업에 고용되었다.

옷을 마르고 짓는 여성, 피륙을 짜는 여성, 다리미질하는 여성, 빨래하는 여성 등 집이나 방에서 옷과 관련된 손일을 하는 여성들도 그 숫자가 적지 않았다. 이들은 점점 더 대도시로 몰려들면서 열악한 주거 환경에서 살았고(기숙사나 가구 딸린 셋방), 영양 상태가 좋지 않았으며, 위생 상태가 불량해서 갖가지 질병을 앓았다. 당연히 사망률은 매우 높았다. 불결하고 비위생적인 노동 환경은 그들을 폐결핵 같은 호흡기 질병으로 몰아갔다. 가히 19세기의 재앙이었던 폐결핵에 걸린 여성은 이 시대의 희생양이었다. 여성들은 대부분 춥고 습한 지하실에서 남성보다 더 오랫동안(하루 14-15시간) 일을 하는데도 임금은 남성들보다 훨씬 적었다. 남성보다 절반 이하였던 부족한 수입을 보충하기 위해 매춘까지 해야만 했다.

드가의 〈빨래 다리는 여자들〉Les Repasseuses은 이 같은 여성 노동자들의 현실을 잘 보여준다. 가난과 알코올 중독에 찌든 노동자들의 비참한 삶을 적나라하

에드가 드가, 〈빨래 다리는 여자들〉, 1886년, 76×81.4cm, 5층 31번 전시실

게 묘사한 에밀 졸라의 『목로주점』(1877)에서 영감을 얻은 것으로 알려진 이 작품에는 지하실에서 빨래를 다리는 두 여성이 등장한다.

오른쪽 여성은 고개를 숙이고 등을 구부린 채 두 손으로 있는 힘을 다해 다리미를 누르고 있다. 아마 그녀의 이마와 목에는 땀이 송골송골 맺혀 있을 것이다. 그녀를 짓누르는 노동의 힘이 그대로 느껴진다. 또 다른 여성은 허리를 펴고 기지개를 켜며 하품을 하고 있다. 그녀는 오른손으로 거의 다 마신 술병 주둥이를 꽉 붙잡고 있다. 어떤 술을 마셨을까? 색깔이 붉은색인 걸로 보아 포도주인 것 같지만, 우리는 그녀가 압생트를 마셨다고 상상해 볼 수 있다. 압생트는 도수가 무려 68도에서 72도에 달하는 독주지만 값이 포도주보다 싸서 1870년대에는 프랑스인의 90퍼센트가 마실 만큼 인기 있는 술이었기 때문이다. 혹사당하며 저임금에 착취당하던 이 여성 노동자는 힘들었던 하루를 이 술로 달래지 않았을까. 압생트를 너무 많이 마시는 바람에 뇌가 망가져 젊은 나이에 세상을 떴을지도 모른다.

1875년에 귀스타브 카이유보트(1848-1894)가 그린 〈마루를 대패질하는 사람들〉Les Raboteurs de parquet은 발표되자 큰 파문을 불러일으켰다. 주제를 지나치게

귀스타브 카이유보트, 〈마루를 대패질하는 사람들〉
1875년, 102×146.5cm, 5층 31번 전시실

사실적으로, 그리고 통속적으로 다루었다는 이유에서
였다. 하지만 이 그림이 충격을 준 것은 프랑스 회화
사에서 완전히 혁신적인 작품이라는 점 때문이기도
하다.

　여기서 화가는 단 한 번도 그려지지 않은 장면을
그리기로 한다. 쿠르베는 1849년 〈돌 깨는 사람들〉을
그렸고, 밀레는 1857년 〈이삭 줍는 여인들〉에서 들일
하는 여성들을 그렸다. 따라서 들일 하는 노동자들은
19세기의 회화예술에서 이미 그 모습을 보인 것이다.

하지만 산업혁명 이후 새로 출현한 계급인 도시 프롤레타리아는 아직 그려지지 않았다. 물론 1839년에 탄생한 '사진'은 이 계급의 일상을 있는 그대로 기록하기 시작했다. 하지만 '회화'는 아니었다. 노동자들이 자기 집 아파트에서 마루를 깎는 모습을 본 카이유보트는 이 모습을 사진과 매우 흡사한(역광이라든가 부감 효과) 그림으로 그려 영원히 남기겠다는 결심을 한 것이다.

우선 그는 웃통을 벗고 땀을 흘리며 일하는 남성들을 보여주는데, 그 당시만 해도 이것은 벌거벗은 여성들을 보여주는 것보다 훨씬 더 전복적이었다. 어느 미술관을 가도 날씬한 여성의 알몸을 그린 작품만이 있었다. 1863년에 그려진 마네의 〈풀밭 위의 식사〉를 보라(112페이지 참조). 여자들은 알몸이거나 옷을 거의 벗고 있는 반면, 남자들은 전부 옷을 입고 있다. 하지만 그로부터 10년 뒤, 이번에는 남성들이 웃통을 벗어부쳤다. 이 세 남성은 파리에 있는 한 넓은 아파트에서 등에 빛을 받으며 마룻바닥을 평평하게 깎고 있다. 관람객의 시점이 그림 위쪽(창문)에 있어서 이 노동자들은 그의 눈 아래 위치하게 된다. 어쩌면 카이유보트는 이처럼 비 관습적인 회화적 장치를 통해 이 노동자들이 받는 억압의 무게를 표현하려고 했는지도 모른다.

그는 또한 수집가이기도 해서 유산으로 물려받은 엄청난 재산으로 경제적 어려움을 겪고 있던 마네와 모네, 피사로, 시슬리, 르누아르, 드가, 세잔의 작품을 사들였다. 그가 수집한 이 작품들은 1894년 그가 죽고 난 뒤 우여곡절 끝에 프랑스 국립미술관에 전시되었다.

프랑스 사실주의 회화를 대표하다

귀스타브 쿠르베(1819-1877)는 프랑스 사실주의 회화를 대표하는 화가다. 그의 스타일에 결정적인 변화가 온 것은 서른 살 때 고향인 오르낭으로 돌아가면서부터다. 여기서 그는 낭만주의적 화풍을 버리고 사실주의적 화풍을 추구하게 된다. 오르낭의 유지들과 그의 가족들이 등장하는 압도적인 스케일의 〈오르낭의 장례식〉은 1851년 살롱전에 출품되어 큰 반향을 불러일으키고, 또 다른 작품 〈돌 깨는 사람〉(1849, 1945년 폭격으로 인해 독일에서 파괴되었다)은 프루동이 최초의 사회주의적 작품으로 평가하기도 했다.

1850년은 프랑스 역사로 보나, 근대예술의 역사로 보나 매우 중요한 해다. 루이-필리프가 권좌에서 물러나고 장차 나폴레옹 3세가 될 루이-나폴레옹 보나파르트가 대통령에 선출되었으며, 쿠르베는 소위 제도권 예술과 권력으로부터 완전히 멀어진다.

쿠르베의 고향인 오르낭은 브장송 근처의 주민 4천

명에 불과한 마을이다. 그림 속 인물들 뒤쪽으로 펼쳐진 석회암 절벽은 이 지역의 전형적인 풍경이다. 혁명 이후로 사망자가 많아지면서 마을 한가운데의 성당 안에 있던 묘지가 좁아지자 오르낭 주민들은 마을 외곽에 새로운 묘지를 만들었다. 이 작품은 바로 이 묘지에서 진행되는 장례식을 그린 것이다.

그림은 세 부분으로 뚜렷이 구분된다. 맨 왼쪽에는 장례식을 진행하는 사람들이 모여 있고, 가운데 부분에는 남자들, 맨 오른쪽에는 여자들이 모여 있다. 모두 스물일곱 명인데, 쿠르베는 이들 모두를 자신의 아틀리에로 불러 포즈를 취하게 했다. 성무일과서를 읽고 있는 사람은 신부다. 묘혈 반대편의 혁명가(초록색 옷 입은 사람)와 마주 서 있다. 묘혈 앞에 무릎 꿇고 있는 사람은 묘혈 파는 일을 하는 앙트안 조제프 카사르다.

귀스타브 쿠르베, 〈오르낭의 장례식〉, 1850년, 315×668cm, 1층 7번 전시실 그의 시선은 저승의 일을 집행하는 사람들에게로, 무릎은 이승의 사람들에게로 향해 있다.

맨 왼쪽의 흰 장갑 낀 사람들은 관을 들고 온 사람인데, 얼굴을 관에서 돌리고 있다. 이 당시 시골에서는 장례식을 치를 때까지 며칠 동안 시신을 그냥 놓아두는 관습이 있었는데, 그로 인해 시신이 부패해 악취를 풍겨서일 것이다. 이들의 오른쪽, 뒷줄에 서 있는 사람들은 성당 관리인이다. 신부 오른쪽의 붉은 옷 입은 사람들은 성당지기이며, 그 오른쪽의 네 명은 읍장과 공증인, 변호사 등 마을 유지고, 그 뒤의 두 명은 쿠르베의 어릴 적 친구다.

그 오른쪽 초록색 옷을 입은 사람과 그 왼편은 혁명가들로, 1792에서 1793년 사이에 혁명 옹호자들이 입던 의상을 입고 있다. 혁명가들 오른쪽의 여성은 쿠르베의 어머니이며, 그 오른쪽 세 명은 누이들이고 어린아이는 사촌 동생이다.

쿠르베는 1853년에 프랑스 회화의 철옹성처럼 견고한 아카데미즘을 깨부수기 위해 〈목욕하는 여인들〉(227×193센티미터, 몽펠리에 파브르 미술관)을 발표하는데, 벌거벗은 채 베일을 쓰고 있는 여성이 등장하는 이 작품은 큰 파문을 불러일으킨다. 이 작품에는 이상화되지 않은 평범하고 뚱뚱한 여성이 등장하는 데다 이 여성

귀스타브 쿠르베, 〈화가의 아틀리에〉, 1855년, 361×598cm, 1층 7번 전시실

의 발이 몹시 더러웠던 것이다. 이 당시 사람들에게 육체의 불결함은 곧 정신의 불결함을 의미했다.

공화주의적, 사회주의적 사상을 가졌던 그는 정치에도 적극적으로 참여해 파리코뮌 당시 예술분과 위원장을 지내기도 했고, 나폴레옹의 제국전쟁을 상징하는 방돔 광장의 기둥을 무너뜨려 감옥에 갇혔으며, 재판을 받아 그의 돈으로 이 기둥을 다시 세워 놓으라는 판결을 받았다. 그리하여 재산과 그림을 다 압류당한 그는 스위스로 망명했고, 여기서 숨을 거두었다.

〈화가의 아틀리에〉L'Atelier d'un peintre는 1855년 만국박람회에 출품되었으나 낙선하여 작가의 개인전에 전시된 작품이다. 쿠르베는 말한다. 왼쪽 부분에는 "평범한 삶의 다른 세계, 대중, 빈곤, 가난, 부유함, 착취당하는 자들, 착취하는 자들, 죽음으로 사는 자들이 있다." 가운데 캔버스 앞에 앉아 있는 화가는 쿠르베 자신이고, 그가 그리고 있는 풍경은 그의 고향인 오르낭이다. 맨 오른쪽은 시인 보들레르다. 그 왼쪽 두 사람은 몽펠리에의 수집가이자 사회주의적 공동생활을 주장하는 푸리에주의 활동가 사바티에 부부이며, 서로 껴안고 있는 남녀는 지금 자유로운 사랑을 실천하고 있다. 의자에 앉아 있는 사람은 그의 친구인 소설가 샹플뢰리이고, 안경을 쓴 사람은 역시 그의 친구인 사회주의자 프루동이다.

인상주의의 탄생

마르모탕-모네 미술관•에는 '인상파'라는 용어를 탄생시킨 클로드 모네(1840-1926)의 〈인상. 뜨는 해〉 Impression, Soleil levant가 전시되어 있다. 파리 북쪽의 도시 르아브르 항구에서 해가 떠오르는 장면을 순간적인 느낌, 즉 '인상'으로 그려낸 작품이다. 1872년에 그려진 이 작품은 파리에 있는 사진작가 나다르의 스

• 2 Rue Louis Boilly, 75016 Paris

클로드 모네, 〈인상. 뜨는 해〉, 1872년, 48×63cm, 모네 미술관

튜디오에서 1874년에 열린 제1회 인상파전에 전시되었다.

모네는 오르세에 전시된 수많은 인상파 화가 중 사람들이 가장 좋아하는 작가가 아닐까 싶다. 1층 18번 전시실에는 모네의 화풍이 7년 사이에 어떻게 확연히 바뀌었는지 비교해 볼 수 있는 두 점의 작품이 걸려 있다. 하나는 그가 23세 때인 1863년에 그린 〈노르망

클로드 모네, 〈노르망디의 농가 마당〉, 1863년, 65.2×81.5cm, 1층 18번 전시실

디의 농가 마당〉Cour de ferme en Normandie이고, 또 하나는 1870년에 그린 〈로슈 누아르 호텔, 트루빌〉Hôtel des Roches Noires, Trouville이다.

〈노르망디의 농가 마당〉과는 달리 〈로슈 누아르 호텔, 트루빌〉은 30세인 모네가 이미 인상파의 길로 들어섰다는 것을 보여준다. 세찬 바람에 흔들리는 깃발, 하늘의 구름, 왼쪽에 모자를 들어 올린 남자 등을 보라. 대상을 몇 번의 붓질로 순간적으로, 감각적으로

클로드 모네
〈로슈 누아르 호텔, 트루빌〉
81×58cm, 1870년
1층 18번 전시실

그려내서 그 윤곽이 뚜렷하지 않고, "빛은 곧 색채다"
라는 모네 자신의 말처럼 빛에 따라 시시각각 변하는
색들이 다채롭게 사용되었다.

〈로슈 누아르 호텔, 트루빌〉오른쪽에는 1858년
모네를 알게 되어 스무 살이 채 되지 않은 그에게 처
음으로 그림을 가르쳐 준 '해변 풍경'의 화가 으젠 부
댕(1824-1898)의 〈트루빌 해변〉La Plage de Trouville이 걸
려 있다. 모네는 이렇게 말한다. "부댕 씨는 정성을 다

으젠 부뎅, 〈트루빌 해변〉, 1864년, 29×48cm, 1층 18번 전시실

해 내게 그림을 가르쳐 주었다. 내 눈이 천천히 뜨였다. 나는 자연이 무엇인가를 이해했다. 그와 동시에 바다에 대해서도 배웠다."

마네가 부러웠던
모네의 〈풀밭 위의 식사〉

마네가 그린 〈풀밭 위의 식사〉가 있고 모네가 그린 〈풀밭 위의 식사〉가 있다. 오르세 미술관에는 두 작품이 서로 마주 보고 있다.

우선 에두아르 마네(1832-1883)의 〈풀밭 위의 식

사〉Le Déjeuner sur l'herbe. 이 작품은 1863년 살롱전에
입상하지 못해 낙선전에 전시되었는데, 전시된 3천
여 점의 작품 가운데 단연 주목을 받았다. 배경은 파
리 시내 서쪽에 있는 불로뉴 숲이다. 이 그림에 그려
진 사람들은 모두 실제 인물이다. 우선 벌거벗고 있
는 여성은 빅토린 뫼랑(1844-1927)이다. 1층 14번 전시
실에서 볼 수 있는 마네의 또 다른 문제작 〈올랭피아〉
Olympia에서 올랭피아의 모델이기도 하다. 마네는 그
녀를 파리법원 복도에서 만났다고 한다(마네의 아버지는
법무부 고위관리였다). 그녀의 오른쪽 모자 쓴 남자는 마네
의 동생(화가 베르트 모리소와 결혼)이고, 뒤쪽에 있는 여성
은 마네의 동거인인 쉬잔 레엔호프, 그리고 뫼랑 바로

에두아르 마네, 〈올랭피아〉, 1863년, 190×130.5cm, 1층 14번 전시실

에두아르 마네, 〈풀밭 위의 식사〉, 1863년, 207×265cm, 5층 29번 전시실

오른쪽의 또 다른 남자는 쉬잔 레엔호프의 동생이다.

관람객들은 벌거벗은 평범한 여성 뫼랑이 자기들을 똑바로 응시한다는 사실에 충격을 받고 분노했다. 여성의 나체를 그리는 것은 유구한 회화적 전통이었다. 하지만, 그것은 미의 여신 비너스처럼 완벽한 아름다움을 갖추고 이상화된 여성에 한에서였다. 그런데 뫼랑은 우리 주변에서 흔히 볼 수 있는 평범한 여

클로드 모네, 〈풀밭 위의 식사〉(부분), 1866년
248.7×218cm, 5층 29번 전시실

성이다. 아름답지도 날씬하지도 않으며 피부가 매끈하지도 않다. 관객들은 이처럼 평범한 여성을 이렇게 큰 캔버스에 그려놓은 마네에게 분노한 거나 마찬가지다.

〈비너스의 탄생〉Naissance de Vénus은 카바넬(1823-1889)이라는 화가가 모네의 〈풀밭 위의 식사〉와 같이 1863년 살롱전에 출품한 작품인데, 입상을 한 건 물론이고 나폴레옹 3세는 이 그림을 즉시 구매했다. 말하자면 이 작품이야말로 그 당시의 평론가나 언론, 관람객으로부터 호평을 받아 팔리는 최고의 인기 상품이었다. 하지만 이 비너스는 우리 주변의 현실 세계에

알렉상드르 카바넬, 〈비너스의 탄생〉, 1863년
130×225cm, 1층 2번 전시실

나는 왜 파리를 사랑하는가

존재하지 않는다. 이상화된 존재인 것이다. 반면 마네의 벌거벗은 뫼랑은 아름답지 않다. 그러나 우리 주변에서 살아 움직인다.

여덟 살 많은 마네가 〈풀밭 위의 식사〉로 단숨에 이름을 알리자 당시만 해도 무명에 가까웠던 모네는 부러웠다. 그래서 한편으로는 마네에 대한 오마주로, 또 한편으로는 마네처럼 이름을 알리고 싶어서 자신만의 스타일로 〈풀밭 위의 식사〉를 그렸다. 하지만 모네는 마네보다 간이 작았나 보다. 크기만 마네의 작품보다 더 크지 그냥 평범하다. 그림 한가운데 여성(그녀는 나중에 모네의 아내가 될 카미유다)은 알몸이 아니다.

이 당시 모네는 그림을 거의 팔지 못했기 때문에 집세가 밀려 집주인에게 나중에 돈이 생기면 찾아갈 테니 잘 보관해 달라고 부탁하고 이 그림을 맡긴다. 하지만 집주인은 이걸 습기 찬 반지하 방에 처박아 두었다. 나중에 모네가 찾으러 와보니 그림이 훼손되어 어쩔 수 없이 훼손된 부분을 잘라내야만 했다. 그래서 오르세 미술관에 전시된 이 작품은 일부가 잘려나갔고, 조금 더 일찍 그린 더 작은 버전은 모스크바의 푸시킨 미술관에 전시되어 있다.

내가 화가가 된 건
꽃을 그리기 위해서였는지 모른다

전경의 여인이 입고 있는 푸른 옷과 푸른 양산, 그리고 이제 막 비가 그쳐 더 청량해 보이는 푸르른 봄 하늘이 붉게 물든 개양귀비꽃과 한층 더 또렷하게 대비된다. 줄기가 안 보이는 개양귀비꽃들은 마치 나비처럼 긴 풀 사이를 점점이 날아다니는 듯하다. 오른쪽의 밀밭은 미풍에 물결치듯 부드럽게 흔들린다. 그림의 절반을 차지하는 하늘과 흰 구름은 모네가 보불전쟁을 피해 영국으로 건너갔을 때 본 존 콘스터블의 풍경화에서 영감을 얻은 듯하다.

관람객은 어느새 그림 속으로 걸어 들어가 저 여인처럼 초원을 산책한다. 부드러운 바람이 얼굴을 어루만지고, 붉은 꽃이 다리를 쓰다듬는다. 아이는 이 짧은 산책을 기억하고 싶어 꽃다발을 만든다. 그 당시 유행하던 밀짚모자와 우산을 쓴 여성은 모네의 첫 번째 부인인 카미유이고 소년은 큰아들 장(당시 여섯 살)으로 추정된다.

모네가 이제 막 익히기 시작한 인상파 화법이 밝은 색깔, 하늘, 움직이는 구름, 인물의 간략한 묘사 등을 통해 드러나 있다. 그의 터치는 색들을 병치하고 교차시켜 '움직이는 것과 순간적인 것'을 표현해 낸다. 이 작품을 감상하기 위해서는 철학적이거나 문학적인, 혹은 사회학적 해석이 필요 없다. 관람객은 이 작품에 동조하며 순수하게 감동한다. 이것이 시간과 공간을 초월하여 보는 사람의 시선과 마음에 곧장 와닿는 이유다.

〈개양귀비꽃〉Les Coquelicots은 모네가 서른세 살 때인 1873년에 그린 작품이며, 배경은 파리 북서쪽의 아르장퇴유다. 지금은 큰 도시가 되었지만, 그 당시는

클로드 모네, 〈개양귀비꽃〉, 1873년, 50×65cm, 5층 29번 전시실

저렇게 개양귀비꽃이 만발한 시골이었다. 아마도 모네가 이 그림을 그리는 동안은 정신적으로나 물질적으로 가장 여유 있는 해였을 것이다. 아버지에게서 받은 유산과 아내의 지참금 덕분에 1871년에 센강 근처 아르장퇴유에 정원 있는 집으로 이사할 수 있었고, 그다음 해에는 화상인 폴 뒤랑-뤼엘이 그의 그림을 29점이나 사주었다. 모네는 이 작은 그림을 1874년 사진작가 나다르의 아틀리에에서 열린 첫 번째 인상파 전시회에 내놓았다.

1878년 8월, 모네는 상황이 나아질 때까지 오슈데 가족과 함께 살기로 하고 파리에서 북서쪽으로 60킬로미터가량 떨어진 센강 변의 베퇴유라는 마을로 이사한다. 이 당시는 그나마 그의 그림을 사주던 뒤랑-뤼엘과 에른스트 오슈데가 파산하는 바람에 경제적으로 매우 힘든 상황이었다. 게다가 아내 카미유가 몇 달 전에 둘째 아이를 낳았는데, 원래 몸이 약했던데다 출산의 후유증을 이겨내지 못하고 늘 침대에 누워 있었다. 가족도 먹여 살려야 하고, 집세도 내야 하고, 물감이랑 캔버스도 사야 하고, 그림 그릴 시간도 내야 하고, 그림도 팔아야 하고…. 모네는 친구 에밀 졸라에게 편지를 보내 도움을 청하는데, 그가 얼마나 다급한 상황에 있었는지 짐작할 수 있다.

"날 좀 도와줄 수 있겠나? 집에 동전 한 닢 없어서 오늘 당장 죽 한 그릇 끓여 먹을 수가 없군. 아내도 매우 아파서 잘 보살펴줘야 하는데⋯. 자네, 혹시 20프랑짜리 금화 세 개만 빌려줄 수 있겠나? 정 안 되면 한 개라도 빌려주게. 어제 돈을 좀 구해 보려고 종일 뛰어다녔는데 구할 수가 없었네."

파리와 아르장퇴유에서 현대성을 상징하는 도시 풍경을 그리던 모네는 바르비종에서 본 시골 풍경을 이제 베퇴유에서 다시 화폭에 옮기게 된다. 그는 가장 먼저 베퇴유의 노트르담 교회를 3점 그리는데, 〈교회〉(스코틀랜드 내셔널 갤러리), 〈베퇴유 교회, 겨울〉(오르세 미술관), 〈베퇴유 교회, 눈〉(오르세 미술관)이다. 어쩌면 그는 이때 돈이 절실했기 때문에 이 작은 마을을 상징하는 교회를 그리면 그림이 빨리 팔릴 거로 생각했는지도

베퇴유에서 모네 가족이 살던 집

모른다. 이 교회는 모네가 베퇴유에서 그린 60여 점 정도의 작품에 다시 등장하는데, 전부 전경全景이다.

모네는 또 아르장퇴유에서 산 배(아틀리에로 쓰이는)를 타고 집 앞의 센강으로 나가 강에서 보이는 베퇴유를 그린다. 경제적으로 불안정하고 아내의 건강이 몹시 안 좋아서 그런 것일까. 이 시기에 그린 그림들은 몹시 음울하고 슬프게 느껴진다. 하지만 이처럼 절망적인 상황에서도 그는 1867년과 1868년에 그린 29점의 작품을 들고 1879년에 열린 제4회 인상파전에 참여한다. 다른 인상파 화가들과 사이가 그다지 좋지 않았던 그로서는 "모네가 모든 걸 포기했다"라는 소리를 듣기 싫었는지도 모른다.

모네가 치료비를 마련하기 위해 그림을 싼값에 팔아치우는 등 애를 썼지만, 아내 카미유는 끝내 병석에서 일어나지 못하고 1879년 9월, 불과 서른둘의 나이로 세상을 떠난다. 이때 그는 아마도 19세기에 그린 작품 중에서 가장 비통한 그림을 그렸을 거다. 죽어가는 아내의 머리맡에서 붓을 잡았다. 나중에 그는 친구 클레망소에게 이렇게 얘기한다.

"나는 자신도 모르는 사이에 그녀의 비극적인 이마를 뚫어지게 쳐다보면서 죽음의 여신이 방금 그 미동조차 없는 얼굴에 남겨놓은 색깔이 서서히 점점 엷고 흐리게 변해가는

클로드 모네, 〈카미유의 임종〉
1879년, 90×68cm
5층 35번 전시실

것을 무의식적으로 찾고 있었다네. 저것은 푸른색 색조인
가? 노란색 색조인가? 아니면 회색 색조인가? 그래, 난 그런
지경이 되어 있었어. 우리 곁을 영원히 떠나게 될 여인의 마
지막 모습을 그림으로 남기고 싶다는 욕망은 어찌 보면 당
연한 거였지."

1880년 겨울은 천재지변이 일어났다고 할 정도로
혹독하게 추웠다. 하지만 그는 돈이 없어서 한집에 살
면서 자기만 바라보고 있는 10명의 식구를 먹여 살릴

클로드 모네, 〈센강의 해빙, 혹은 얼음 조각〉, 1880년
60.5×99.5cm, 5층 32번 전시실

수도, 따뜻하게 재울 수도 없었다. 절망스러운 상황이
었다. 그해 1월에 그린 〈센강의 해빙, 혹은 얼음 조각〉
Les Glaçons. Débâcle sur la Seine은 이런 모네의 절망스러
운 심정을 잘 표현해 주는 것 같다. 센강이 꽁꽁 얼었
다가 녹으면서 엄청나게 큰 얼음들이 강을 따라 천천
히 흘러 내려왔다.

    1879년 겨울, 완전히 얼어붙은 센강은 모네가 특
히 좋아하는 또 하나의 소재가 된다. 대기 현상에 관
심이 점점 더 커지던 모네는 '유빙流氷'이라는 전례 없

는 자연재해에 흥미를 느꼈다. 엄청나게 추운 날씨였지만 아랑곳하지 않고 현장에서 그림을 그렸다.

"나는 얼음 위에서 그림을 그렸다. 센강은 꽁꽁 얼었고 강에 자리를 잡고 어떻게 해서든지 화가畵架를 펼치려고 애썼다. 이따금 지인이 내게 탕파를 가져다주곤 했다. 하지만 그건 내 발을 따뜻하게 하기 위해서가 아니었다. 나는 춥지 않았다. 그건 추위로 손이 얼어서 붓을 떨어트릴지도 모르기 때문에 손가락을 녹이기 위한 것이었다."

모네는 혹독한 추위에 온몸이 꽁꽁 언 상태에서도 물과 얼음, 빛이 시시각각 변하며 벌이는 놀이를 순간적으로 포착하기 위해 붓을 빠르게 놀림으로써 자기 앞에 펼쳐진 전경을 불멸의 것으로 만들었다. 전체적으로 겨울을 나타내는 색조가 사용되어 왠지 모르게 멜랑콜리한 이 작품에서는 얼마 전에 아내를 잃은 모네의 정신적, 물질적 불안감이 강하게 느껴진다. 프루스트는 미술품 수집가 샤를 에프러시의 집에서 이 그림을 보고 「어느 그림 애호가」라는 글에 이렇게 쓴다.

모든 것이 반짝이는 것을, 모든 것이 이 해빙으로 신기루가 되는 것을 보라. 당신은 이제 더 이상 저게 얼음인지 아니면 태양인지 알지 못할 것이다. 이 모든 얼음 덩어리들은 부서져

서 하늘의 반영을 싣고 간다. 그리고 나무들은 너무 환하게 빛난다. 그래서 나무들이 계절 탓에 적갈색을 띠는지, 아니면 원래 그런 종이라서 적갈색을 띠는지 알 수 없다. 또 여기가 어디인지, 강의 하상인지, 아니면 숲속의 빈터인지도 알 수 없다.

35번 전시실에 나란히 붙어 있는 이 두 작품에서 우산을 들고 있는 여성은 쉬잔 오슈데(1868-1899)다. 모네는 1879년 첫 번째 아내 카미유가 사망하자 1892년 화상 에른스트 오슈데(1891년 사망)의 미망인인 알리스 오슈데와 결혼하여 지베르니에 자리 잡는다. 알리스와 에른스트 사이에는 6명의 자녀가 있었고, 쉬잔은 큰딸이었다.

지베르니에서 모네를 위해 가장 많이 포즈를 취한 사람이 바로 쉬잔이었다. 모네가 툭하면 불러내 햇빛 아래서 몇 시간씩 포즈를 취하게 하는 바람에 쉬잔은 새 아버지를 별로 좋아하지 않았다. 모네의 모델 노릇을 하기 지겨워서 그랬는지 그녀는 1890년 미국에서 온 화가 테오도르 얼 버틀러와 눈이 맞아 1892년 어머니가 모네와 결혼한 지 열흘 뒤에 결혼해 버린다. 하지만 그녀는 결혼 뒤에 시름시름 앓다가 1899년 세상을 떠난다. 그리고 그녀의 막내 여동생 마르트 오슈데는 어머니를 잃은 조카들을 보살펴 주다가 형부와

클로드 모네
〈우산을 들고 오른쪽으로
돌아서 있는 여인〉
1886년, 131×88cm
5층 35번 전시실

클로드 모네
〈우산을 들고 왼쪽으로
돌아서 있는 여인〉
1886년, 131×88cm
5층 35번 전시실

정이 들어 결국은 결혼까지 하게 된다. 오슈데 자매들이 뱃놀이하는 모습을 그린 작품 〈노르웨이식 나룻배〉En norvégienne에서 가운데가 쉬잔이다.

클로드 모네, 〈노르웨이식 나룻배〉, 1887년
97.5×130.5cm, 5층 34번 전시실

현실과 그 현실이 반영되는
'물이라는 거울'

모네는 정원 가꾸는 걸 좋아해서 직접 정원에 심을 꽃을 고르고 재배까지 했다. 변이와 연작의 작가인 모네는 지베르니 주변의 자연에 도취되어 1883년 봄, 이곳에 땅을 사 정원을 조성하기 시작했다.

〈생라자르역〉에서 연작을 시작했던 그는 〈루앙 대성당〉 연작이라든가 지베르니에서 그린 〈건초더미〉 연작을 통해 현실은 현실 그 자체와 결코 동일하지 않으며 같은 주제라도 대기 조건과 계절, 시간에 따라 달라질 수 있다는 사실을 보여주었다.

정원은 그의 캔버스였다. 모네는 자기가 고른 갖가지 색깔의 꽃들을 뒤섞어가며 정원에 그림을 그렸다. 붓이 아니라 작가의 손이 자연을 재구성한 것이다. 꽃 중에서 특히 좋아하는 꽃은 수련이었다. 수련은 모네가 '꽃'이라는 주제와 그것의 '물속에서의 반영'이라는 주제를 결합하도록 도와주었다. 모네는 자신의 전기를 쓴 귀스타브 제프루아에게 이렇게 말했다.

"나는 일에 완전히 몰두해 있습니다. 물과 반영으로 이루어진 이 풍경은 하나의 강박이 되었어요. 이제 나이가 들어 힘에 부치지만, 나는 내가 느끼는 것을 표현하고 싶어요."

클로드 모네, 〈푸른 수련〉, 1916-1919년, 204×200cm, 5층 35번 전시실

그의 인상파 미학은 〈수련〉 연작에서 완벽하게 실현되었다. 모네는 1897년부터 1926년 세상을 떠날 때까지 250점의 〈수련〉 연작을 그렸다. 이것은 반복 작업을 통해 모네의 관심이 주제가 아닌 작품 그 자체

로 옮겨갔다는 것을 의미한다. 1904년부터 그는 연못 주변의 풍경을 제거하고 오직 수련과 그것의 물속에서의 반영만 그린다. 이로써 일체의 배경이 사라진 그의 작품은 독자적인 자율성을 획득한다.

이렇게 해서 이 작품은 현대미술의 발판을 마련하였다. 같은 주제를 그린 연작 작품들은 별개로 감상하는 것이 아니라 전체 속에서, 그리고 서로 간의 관계 속에서 감상해야 한다. 현실과 그 현실이 반영되는 '물이라는 거울'은 일체를 이룬다. 수련은 물속에서(그림 속에서) 시간에 따라 끊임없이 흔들리며 새로운 이미지를 만들어낸다. 관람자는 그림이 된 물의 세계 속에 잠기고, 거리의 개념을 잃어버린다. 그는(혹은 그녀는) 그 어떤 외부 요인으로부터 방해받지 않고 말 그대로 작품에 의해 둘러싸인다. 색으로 둘러싸이고, 그림의 크기에 압도당하여 미학적으로 감동하고 순수한 감각에 사로잡힌다. 모네는 죽기 직전에 이렇게 말했다.

"나의 유일한 공로라면, 그건 순간적이며 일시적인 빛의 효과 앞에서 내 느낌을 표현하려고 애쓰면서 자연 앞에서 직접 그린 것뿐이다."

모네는 여덟 점의 대형 〈수련〉 연작(1917-1929)을 1922년부터 국가에 기증했고, 이 작품들은 1927년부터 오랑주리 미술관에 전시되어 있다(250페이지). 조형예술과 추상예술 사이에 있는 이 작품들을 통해 모네는 자신의 예술을 인상파 미술보다 더 먼 곳으로 밀어냈다. 배경도 없고 시작도 끝도 없는 〈수련〉 연작은 미국의 추상적 표현주의자들이 구상한 '올 오버'All Over 미학을 예고한다.

'빛'을 주인공으로 그리다

화창한 어느 날, 몽마르트르에 있는 르누아르(1841-1919)의 아틀리에 건물(지금은 몽마르트르 박물관이 되었다) 정원. 한 젊은 여성이 그네 발판에 발을 딛고 서 있다. 노란 모자를 쓰고 등을 돌린 남자가 여자에게 뭐라고 얘기를 하고 있는데 여자는 그와 눈을 마주치지 않고 땅바닥을 내려다보고 있는 거로 보아 몹시 불편한 모양이다. 또 한 명의 남자는 나무에 몸을 기댄 채 이 두 사람에게 시선을 고정하고 있으며, 그림 맨 왼쪽의 어린 소녀는 세 사람을 뚫어지게 쳐다보고 있다.

〈그네〉La Balançoire는 이렇게 등장인물들의 시선이 교차하거나 교차하지 않는 '시선의 놀이'이기도 하지만 현란한 '빛의 놀이'이기도 하다. 나뭇가지를 뚫고 들어온 빛은 파편처럼 부서져 땅바닥에서 보석처럼 반짝거리고 사람들이 입고 있는 옷 위를 나비처럼 날아다닌다. 이 그림의 주인공은 바로 이 '빛'이다.

　Fête galante라는 프랑스어가 있다. 이 말은 프랑스에서 루이 15세 시대인 1715-1775년까지 부유한 남녀 귀족들이 야외에서 사랑의 유희를 벌이던 모임을 가리키는데, 우리말로 하면 '밀당' 정도 될 것이다. 루이 14세의 엄격한 절대군주 시대가 끝나고 개인들의 은밀한 욕망을 드러내던 시대의 산물이라 할 수 있는 이 밀당 풍경을 와토(《키티라 섬 순례》, 1717년, 루브르 미술관)라든가 부세(《전원생활의 매혹》, 1740년경, 루브르 미술관) 같은 화가들이 그렸다. 그네에 올라탄 젊은 여성이 늙은 남편을 등 뒤의 어둠 속에 두고 활짝 날아올라 젊은 애인에게 다리를 보여주는 프라고나르의 〈그네〉(1769, 월리스 콜렉션)도 이런 종류의 그림이다.

　자, 르누아르의 〈그네〉를 보자. 이 젊은 여성은 이 그림 여기저기 흩뿌려져 있는 파란색과 초록색, 노란색, 주황색, 빨간색, 오렌지색, 장미색의 세례를 받으며 금방이라도 공중으로 날아오를 듯하다. 〈그네〉(《갈레트 풍차에서의 무도회》 역시)는 1877년에 열린 제3회 인상파전에 출품하였으나 완전한 실패를 맛보면서 르누아르는 몹시 곤궁해진다. 살롱전에서 당선되는 것만이 성공할 수 있는 유일한 방법이라고 생각했던 르누아르는 인상파전에 참가하는 것을 그만두고 선의 효과와 대비, 윤곽선을 한층 강조하는 그림을 그리기 시

오귀스트 르누아르, 〈그네〉, 1876년, 92×73cm, 5층 30번 전시실

작하는데, 이렇게 해서 탄생한 작품이 바로 〈뱃놀이하는 사람들의 점심 식사〉다(365페이지). 그렇다고 해서 〈그네〉가 모든 사람에게 외면받은 것은 아니었다. 작가 에밀 졸라는 이 작품에 깊은 인상을 받아 1877년 발표한 『사랑의 한 페이지』라는 소설에 정원에서 그네 타는 여주인공 엘렌을 등장시킨다.

엘렌은 보라색 매듭이 달린 회색 드레스를 입고 있었다. 그리고 그녀는 똑바로 선 채 꼭 누군가가 그녀를 안고 조용히 흔들듯 땅을 살짝 스치며 천천히 출발했다.

"자, 자, 어서 밀어요!"

그러자 랑보 씨가 두 팔을 내밀어 앞으로 지나가는 그네 발판을 잡더니 더 힘껏 밀었다. 엘렌이 더 높이 올라갔다. 한 번씩 날아오를 때마다 그녀는 더 많은 공간을 차지했다. 오직 그녀의 콧구멍만이 바람을 들이마시려는 듯 부풀어 올랐다. 그녀의 치마 주름은 단 하나도 움직이지 않았다. 그녀의 쪽찐 머리에서 땋은 머리채 하나가 풀어졌다.

"밀어요! 밀라니까!"

엘렌은 허공으로 떠올랐다. 나무들이 마치 돌풍이라도 맞은 듯 휘어지고 부러졌다. 이제 보이는 거라곤 그녀의 치마가 폭풍우가 몰아치는 소리와 함께 구겨지면서 획획 돌아가는 모습뿐이었다. 두 팔을 활짝 벌린 그녀는 목을 앞으로 내밀고 머리를 살짝 숙인 채 순간적으로 날았다. 그 순간, 어떤 충동이 그녀를 사로잡았다. 그러자 그녀는 정신이 몽롱해져서 머리를 뒤로 젖히고 두 눈을 감은 채 도망이라도 치듯 다시 내려왔다.

르누아르의 둘째 아들인 장 르누아르(1894-1979)는 「게임의 법칙」이라든가 「위대한 환영」처럼 세계 영화사에 길이 남을 작품을 만든 영화감독이다. 그는 1936년에 「소풍」이라는 작품을 연출했다. 모파상의 『소풍』을 각색한 이 작품에서 가족과 함께 센강 변으로 소풍을 나온 파리지앵 앙리에트는 두 청년이 탐욕스러운 눈길로 바라보고 있는 걸 느끼며 그네를 탄다.

그녀가 머리 위로 두 팔을 올려 밧줄을 꼭 잡고 있어서 조금이라도 더 높이 올라가려고 발을 구를 때마다 그녀의 가슴이 흔들림 없이 들어 올려지곤 했다. 바람이 불자 쓰고 있던 모자가 그녀 뒤에 떨어졌다. 그네가 조금씩 더 높이 올라갔다가 다시 내려오곤 하면서 그녀의 날씬한 다리가 무릎까지 드러나 보이곤 했다. 웃으며 그녀를 바라보고 있던 두 남자는 그녀의 치마가 확 들어 올려지며 인 바람이 얼굴로 밀려들 때마다 포도주 향보다 더 자극적인 야릇한 기분을 느꼈다. 장 르누아르가 연출한 영화 「소풍」에 등장하는 그네 장면은 〈그네〉라는 그림을 그린 아버지에 대한 오마주가 아니었을까?

오르세 미술관에서만 볼 수 있는
팡탱-라투르의 그림

팡탱-라투르(1836-1904)는 정상적인 미술교육을 받고 쿠르베의 아틀리에에서 그림을 배워 정물화로 특히 영국에서 이름을 날렸다. 런던에도 몇 년 머물렀고, 오르세 미술관에 전시된 〈예술가의 어머니〉를 그린 제임스 휘슬러의 친구이기도 하다. 그는 인상파 화가들과 친했지만, 그들과 함께 활동한 적도 없고 인상파전에 참여하지도 않았다. 우리가 그의 이름을 기억하는 것은 오르세 미술관에서 볼 수 있는 단체 초상화에 의해서다.

그는 예술계 유명 인사들의 단체 초상화를 네 점 그렸는데, 1864년에 그린 〈들라크루아에 대한 오마주〉Hommage à Delacroix가 첫 번째 작품이다. 이 작품에는 프랑스 낭만주의 회화의 거장인 들라크루아를 존경하는 미술계와 문학계 인사 10명이 그려져 있다. 이들은 들라크루아의 초상화 주변에 서 있거나 앉아 있다. 앉아 있는 사람들은 왼쪽에서 오른쪽으로 소설가이자 미술비평가인 루이 에드몽 뒤랑티, 팡탱-라투르 자신, 작가 샹플뢰리, 시인 샤를 보들레르이고, 서 있는 사람은 왼쪽에서 오른쪽으로 루이 코르디에, 알퐁스 르그로, 제임스 휘슬러, 에두아르 마네, 펠릭스 브

앙리 팡탱-라투르, 〈들라크루아에 대한 오마주〉, 1864년
160×250cm, 5층 29번 전시실

락크몽, 알베르 드 발루아인데 이들은 모두 화가다. 또한 〈들라크루아에 대한 오마주〉는 뤽상부르 공원에 있는 쥘 달루가 조각한 기념물의 제목이기도 하다.

두 번째 작품은 1870년에 그린 〈바티뇰의 아틀리에〉Un atelier aux Batignolles다. '바티뇰 그룹'은 마네를 중심으로 뭉친 화가들을 말한다. 이들은 1869-1875년 사이에 파리 17구 불바르 데 바티뇰 거리에 있는 게르부아 카페에 정기적으로 모였다. 마네와 모네, 르누아르, 시슬리 같은 화가들이 주요 멤버였고, 화가 피사로와 드가, 작가 졸라, 사진작가 나다르도 가끔 참석했다.

이 작품의 배경은 마네의 아틀리에다. 붓을 들고 그림을 그리는 사람이 마네이며, 그 옆에 앉아 있는

사람은 미술비평가인 자샤리 아스트뤽이다. 뒤쪽에
서 있는 사람들은 오른쪽에서 왼쪽으로 클로드 모네,
프레데리크 바지유, 에드몽 메트르(음악가이자 예술품 수집
가), 에밀 졸라, 르누아르, 독일 화가 오토 숄더러다.

세 번째 작품은 〈테이블 주변의 사람들〉Coin de table
이다. 앉아 있는 사람들은 왼쪽에서 오른쪽으로 폴 베
를렌, 아르튀르 랭보, 레옹 발라드, 에른스트 데르빌리,
카미유 펠탕이고, 서 있는 사람들은 왼쪽에서 오른쪽
으로 피에르 엘제아르, 에밀 블레몽, 장 에카르로 모두
시인이다. '빌랭보놈'이라고 불리는 시인 그룹에 속하
는 이들은 저녁 식사를 마치고 포즈를 취했다.

나란히 앉아 있는 두 위대한 시인 베를렌과 랭보는

앙리 팡탱-라투르, 〈바티뇰의 아틀리에〉, 1870년경, 29×39cm, 1층 7번 전시실

나는 왜 파리를 사랑하는가

1871년의 만남 이후로 파란만장한 동성애 관계를 이어가다가 1873년 결국 파멸에 이르게 될 것이다. 아내와의 관계를 파탄 내고 '바람 구두를 신은' 랭보와 함께 런던과 벨기에를 떠돌아다니던 베를렌은 이 연인이 자기 곁을 떠날까 봐 두려웠다. 술에 취해 랭보와 말다툼을 벌이던 베를렌은 랭보를 총으로 쏴서 가벼운 상처를 입혀 감옥에 갇혔다. 2년 뒤 감옥에서 풀려난 베를렌은 슈투트가르트에서 랭보와 함께 이틀 밤을 지냈고, 그것이 두 사람의 마지막 만남이었다. 이때 랭보는 베를렌에게 『일류미네이션』 원고를 맡겼고, 베를렌은 그것을 1886년에 출판하게 될 것이다.

네 번째 단체 초상화 〈피아노 주변에서〉Autour du

앙리 팡탱-라투르, 〈테이블 주변의 사람들〉, 1872년
161×223.5cm, 1층 센 전시실

Piano, 1885년)는 음악가들을 그린 작품으로 1층 센 전시실에서 볼 수 있다.

나는 사과로 파리 사람들을 놀라게 하고 싶다

정물화로 우리에게 익숙한 폴 세잔(1839-1906)의 작품들. 그중 오르세 미술관에서 볼 수 있는 두 작품을 보면 그의 스타일 변화를 확연하게 느낄 수 있다.

세잔은 퐁투아즈에 있는 피사로의 집에서 〈수프 그릇이 있는 정물〉Nature morte à la soupière을 그렸다. 이 작품에서 오브제들의 배치는 전통적이다. 그것은 플랑드르 화파가 그린 정물화의 도식을 그대로 이어받았다. 그러나 세잔은 일상생활에 사용하는 가장 단순한 오브제들을 등장시켜 형태를 단순화하면서 절대적인 기하학적 순수함에 접근한다. 이 같은 결과를 얻기 위해 그는 지금까지 그랬던 것처럼 데생이 아니라 색에 의해 공간적 심도를 표현한다. 그는 과일과 오브제들의 밝은 톤을 배경의 중성적인 톤과 완벽하게 균형을 이루어 교대하고 대립시킨다.

세잔의 사과는 결코 식사할 때처럼 배치되지 않는다. 이 과일을 자르거나 깎는 경우는 거의 없다. 배열은 우연히 이루어진 것으로 보이며 조직화되지 않은

폴 세잔, 〈수프 그릇이 있는 정물〉(부분), 1877년경
65×81.5cm, 1층 11번 전시실

세계를 환기한다. 자연적인 것과 인간 생활 사이에 매
달려 있는 이 오브제는 오직 보기 위해 존재한다. 사
과를 선택한 것은 중립적이지도 않고 무의미하지도
않다. 사과는 마네의 굴이나 아스파라거스같이 즐거
움을 주는 오브제도 아니고, 반 고흐의 감자나 구두
같은 노동의 오브제도 아니다. 쿠르베는 그의 사과를
자연에서 따낸 반면, 세잔은 자신이 자신의 사과와 친

화한다고 느낀다. 꺼칠하고 주름진 식탁보에 놓여 있는 이 단단하고 치밀한 오브제는 세잔과 공통점이 있다. 1895년경, 그는 비평가 조프레이에게 "나는 사과로 파리 사람들을 놀라게 하고 싶다"라고 말했다. 이 내성적인 인물에게 정물은 축소되어 테이블 위에 고립된 세계 같다. 그는 눈으로 사과를 쓰다듬으며, 마치 그것이 인간의 얼굴이라도 되는 것처럼 사과의 둥근 형태를 좋아한다.

반면 〈사과와 오렌지〉Pommes et oranges는 20여 년 전에 그려진 〈수프 그릇이 있는 정물〉과 확연히 다르다. 전경과 후경을 분명하게 구분하는 공간배열은 더 이상 이루어지지 않는다. 원근법도 적용되지 않아서 과일을 담은 접시와 그림 한가운데 놓인 사과는 금방이라도 굴러떨어질 것 같다. 이 작품의 구성은 일종의 무질서를, 나아가서는 붕괴를 생각나게 한다. 구성은 불안정하고 혼란스럽다. 축이 아래로 향하는 데다 시점이 여러 개이고 중첩되어 있어서 눈이 혼란스럽다. 무질서하게 배치된 장식 융단과 식탁보, 모포는 이 같은 구성의 불안정한 특징을 한층 더 강화한다.

말기 작품에서 세잔은 이 같은 현실의 단순화 과정을 극단으로 밀고 간다. 1904년 에밀 베르나르에게 보낸 한 편지에서 세잔은 이렇게 썼다. "자연을 원기둥 모양과 구형, 원추형으로 그려야 할 것 같아요."

폴 세잔, 〈사과와 오렌지〉, 1899년경, 74×93cm, 5층 36번 전시실

그리하여 그는 현대예술의 선구자로, 20세기에 일어난 많은 예술운동에 영감을 불어넣은 작가로 여겨질 것이다.

과학과 예술의 결합으로 탄생한 신인상주의

조르주 쇠라(1859-1891)가 그린 〈그랑자트섬에서의 어느 날 오후〉Un dimanche après-midi à l'île de la Grande Jatte는 높이가 207센티미터에 폭이 308센티미터나 되는

큰 그림이다. 그는 일부러 이렇게 큰 그림을 그렸다. 왜냐하면 이 작품이 폴 시냐과 함께 주도하는 미술 운동인 '신인상주의'를 널리 알리는 일종의 선언문이라고 생각한 것이다.

이 운동은 '과학'이라는 수단을 통해 인상주의와 구분되고자 하였다. 모네나 르누아르가 시도한 경험적인 방법이 아니라 미셸-으젠 슈브뢰이의 대비 색 '이론'에 따라 색을 지각하는 것이다. 1839년, 이 학자는 『색의 조화와 대비의 법칙』이라는 책에서 다음과 같이 주장하였다. "두 가지 색이 살짝 포개져 있거나 매우 가깝게 붙어 있다고 치자. 만일 우리 눈이 멀리서 이 색들을 보면 원래의 색이 아닌 제3의 색으로 보인다." 예를 들어 빨간색과 파란색을 병치하면 우리 눈에는 녹색으로 보인다. 즉 우리 눈의 망막에서 광학적 혼합이 이루어지는 것이다.

신인상주의자들은 이 이론에서 자기들의 기법을 만들어 냈다. 즉 대비 색 이론에 따라, 인상파 화가들처럼 색을 섞는 것이 아니라 매우 짧은 터치로 점을 찍어서 대상을 표현하는 것이다. 바로 이것이 '점묘법'이라고 부르는 기법이다.

쇠라는 자신이 사용한 이 기법이 보는 사람을 더 잘 설득할 수 있도록 〈그랑드자트 섬에서의 어느 날 오후〉Un dimanche après-midi à l'Île de la Grande Jatte를 크

조르주 쇠라, 〈그랑자트섬에서의 어느 날 오후〉, 1884–1886년
207×308cm, 시카고 미술관

게 그리기로 했다. 그는 1884년에 열린 앵데팡당전에
〈아니에르에서의 해수욕〉을 전시하고 나서 곧바로 이
작품을 그리기 시작하였다. 그는 보들레르는 글로, 마
네는 그림으로 표현한 '현대적 주제'를 선택했다. 파리
북쪽의 뇌이으와 쿠르브부아 사이를 흐르는 센강 한가
운데에는 그랑자트라는 섬이 있다. 이 당시 파리지앵
들은 주말에 이 섬으로 와 산책이나 수영을 하고, 요트
를 타고 사람을 만나는 것이 유행이었다. 실크 해트를
쓴 부르주아지와 캡을 쓴 노동자, 연인들, 아이어머니,

어린아이, 군인들, 세련된 부부 등 다양한 인간들이 이 공간에서 만난다. 쇠라는 '주제의 현대성(카이유보트와 드가도 같은 시기에 이 도시 생활이라는 주제를 표현하였다)'을 분할 화법의 현대성과 결합하였다.

2년 동안 그는 30여 점의 밑그림을 그리고 이 밑그림에 다시 색을 칠하면서 드디어 1886년 5월, 마지막 인상파전인 제8회 전시회에 선보였다. 하지만 그의 기대와 달리 이 작품은 평론가들로부터 혹평을 받았고, 아무도 이 작품을 사지 않았다. 그로부터 5년 뒤 쇠라가 죽자 이 작품은 그의 어머니로부터 동생에게 넘어갔고, 동생 에밀은 1900년에 그걸 팔았다. 이 작품이 1924년 2만 달러의 가격으로 미국의 수집가들에게 팔렸을 때 프랑스 예술계에서는 아무도 그 사실을 몰랐다. 이런 이유로 현대예술의 걸작으로 꼽히는 이 작품은 카이유보트의 〈파리의 거리, 비 오는 날씨〉, 피카소의 〈나이든 기타리스트〉, 모네의 인상파 작품들과 함께 미국의 시카고 미술관에 걸리게 되었다.

오르세 미술관에 전시된 〈서커스〉Le Cirque는 1891년 불과 서른둘의 나이로 세상을 떠난 쇠라의 유작이지만, 그가 죽고 난 후 앙데팡당전에 출품되었다. 이 작품은 기하학 법칙, 선과 색의 대응, 최대한 조화를 이루기 위한 보색의 사용 등 쇠라가 내세우는 이론을 완벽하게 적용한 작품이다. 이 같은 의미에서 쇠라는 이 서커스라는 주제를 훨씬 더 자연주의적으로 다룬 드가나 툴루즈-로트렉과 뚜렷하게 구분된다. 그는 이 작품을 통해 과학과 예술을 뒤섞은 것이다.

조르주 쇠라, 〈서커스〉, 1891년, 185.5×152.5cm, 5층 37번 전시실

인상주의를 버리고
퐁타벤 화파를 이끈 고갱

19세기 말, 프랑스 브르타뉴 지방의 매혹적인 마을 퐁타벤은 새로움을 찾는 예술가 집단의 보금자리가 되었다. 매우 강한 성격의 소유자였던 폴 고갱(1848-1903)을 중심으로 모인 그들에게 브르타뉴 지방은 세계로 열린 창이나 마찬가지였다. 고갱은 더 시적이고 성스러운 그림을 그리기 위해 인상주의를 완전히 버린다. 그는 인류의 기원으로, 대지의 순수함으로 되돌아가고 싶었다. 한층 더 고립된 브르타뉴 지방이야말로 그에게는 시간을 초월한 땅으로 보였다. 고갱은 말한다.

> "나는 브르타뉴가 좋다. 여기서 나는 원시적인 것과 야생적인 것을 발견한다. 내가 신은 나막신이 이 화강암 위에서 울리면, 나는 내가 그림에서 찾는 둔하고 무디고 우렁찬 소리를 듣는다."

파리에서 멀리 떨어진 브르타뉴 마을은 그 당시 주민이 1,500명에 불과했다. 하지만 얼마 지나지 않아 자유롭게 주제를 선택하고, 자유로운 방법으로 표현하고 싶어 하는 많은 예술가가 이곳의 퐁타벤으로 모여들었다. 이들은 브르타뉴의 전통과 풍경에서 영감을 얻었으며, 일하는 농민들을 자주 그렸다.

이 작은 마을의 화가들은 일본 판화와 중세 예술에서 영감을 얻고, 평평한 형태를 선호했으며, 전통적인 원근법을 버리고 중심 주제에 관심을 기울였고, 자유로움을 강조했다. 각자가 독자적으로 활동하는 이화파의 우두머리 격인 폴 고갱은 '모든 방법을 시도해보고, 모든 색을 과감하게 써보고, 자연을 찬양하고, 본질로 갈 수 있는' 권리를 옹호했다. 그리고 이 마을의 호텔 안주인들은 이들에게 바람직한 생활 여건을 제공함으로써 '퐁타벤 화파'라고 불리는 이 예술운동에서 매우 중요한 역할을 해냈다. 폴 고갱이 그린 〈아름다운 앙젤〉La Belle Angèle의 앙젤도 이 호텔 안주인 중 한 사람이다.

1889년 퐁타벤에 가서 앙젤이 운영하는 호텔 옆에 살았던 폴 고갱은 이 지역에서 가장 아름답다고 소문난 이 스물한 살의 여성을 그리기로 한다. 앙젤은 나중에 이렇게 얘기할 것이다. "고갱은 내 초상화를 한번 그려보고 싶다는 얘기를 우리 남편에게 자주 했고, 결국은 그걸 그리기 시작했지요. 하지만 그가 초상화를 다 그렸다며 보여주었을 때 나는 '아니, 이 그림은 너무 보기 흉해서 도저히 봐줄 수가 없군요!'라고 소리쳤어요. 그러자 폴 고갱은 무척 실망스러운 표정

폴 고갱, 〈아름다운 앙젤〉, 1889년, 92×73cm, 5층 38번 전시실

을 지으며 그림을 도로 가져갔지요."

하지만 앙젤이 이런 반응을 보인 건 전혀 놀랄 일이 아니었다. 폴 고갱은 '모든 걸 시도해 보기로' 결심하고 원근법과 공간의 통일성이라는 전통을 따르지 않기로 한다. 그는 일본 판화의 기법을 본떠서 장식적인 배경에 앙젤의 초상화를 원 속에 집어넣는다. 클루아조니슴(표현 대상의 형태를 단순화하고 윤곽선을 강조하는 회화 기법)의 기법을 사용한 것이다. 또 그림 왼쪽에 〈아름다운 앙젤〉이라는 그림 제목을 써넣고, 그 위에는 인간의 형체를 한 우상을 그려 넣었다. 앙젤은 이 작품을 거부했지만, 에드가 드가는 여러 가지 형태들을 단순화하여 조합한 이 작품의 진가를 알아보고 곧바로 사들였다.

한 매혹적인 여성이 황금색 침대에서 포즈를 취하고 있는 〈바이루마티〉Vairumati다. 고갱은 이 작품을 타히티섬에 두 번째로 머물던 1897년에 그렸다. 이 작품에 등장하는 젊은 여성과 흰 새는 그의 대표작이라 할 수 있는 〈우리는 어디에서 왔는가? 우리는 누구인가? 우리는 어디로 갈 것인가?〉(1898년, 보스턴 미술관)에도 등장한다.

바이루마티는 타히티섬의 모신이다. 고갱은 『고대 마오리 신앙』과 『노아노아』라는 책에서 이 여신에 관한 신화를 이야기한다. 창조신 타아오라의 아들인 오로는 젊은 여성을 아내로 맞아들여 인간보다 우월한 종족을 탄생시키고 싶어 했다. 그는 여동생 하오아오아 여신과 테우리 여신과 함께 자신에게 어울릴 만한 여성을 찾아 섬을 돌아다녔다. 그는 어느 호수 근처의 보라보라에서 아름다운 바이루마티를 만나 한눈에

폴 고갱, 〈바이루마티〉, 1897년
73×94cm, 5층 프랑수아즈 카셍 전시실

반했다. 그는 매일 밤 무지개를 타고 하늘에서 땅으로 내려가 바이루마티를 만났다. 그들의 결합으로부터 태어난 라이 호아 타푸는 마오리족의 선조가 되었다.

고갱은 타히티 주재 프랑스 영사 자크-앙투안 뫼렌우가 1837년 출판한 『대양의 섬들을 여행하다』라는 책을 읽고 마오리족의 문화에 관심을 두기 시작했

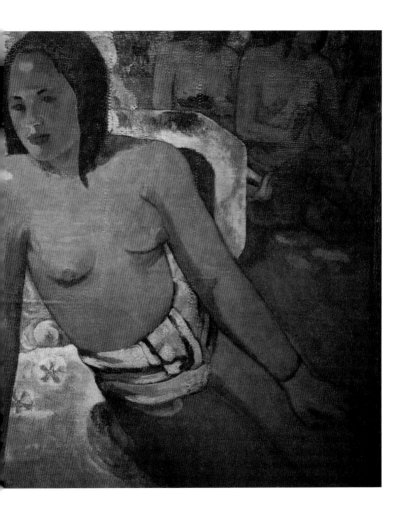

다. 이 책은 여전히 보존되고 있는 진정한 마오리족 문화에 관해 기술했지만, 1891년 처음으로 타히티섬을 찾아간 고갱은 더는 이 같은 문화를 접할 수가 없었다.

고갱이 타히티섬에 처음 머무른 기간(1891~1893) 중에 그린 〈타히티 여인들〉(1898년)을 보면, 왼쪽 여성은 파레오라고 불리는 전통의상을 입고 있는 반면 오른쪽 여성은 단추를 채우는 긴 드레스를 입고 있다. 타히티 여성들은 파레오는 일할 때나 사석에서 입고, 이 드레스는 여러 사람이 있는 데서 입었다. 19세기 중반 유럽의 선교사들과 식민자들이 타히티에 들여온 이 드레스는 타히티 날씨가 습하기 때문에 늘 축축했다. 그로 인해 많은 여성이 유럽에서 건너온 전염병, 특히 결핵에 걸려 죽는 데다가 알코올 소비가 늘어나면서 타히티 인구가 크게 줄어들었다. 그래서 고갱이 타히티섬에서 그린 여성들은 이렇게 우울한 표정으로 깊은 생각에 잠겨 있는지도 모른다.

19세기 인상주의와 20세기 표현주의를 잇는 고흐의 〈노란 방〉

이 작품은 흔히 〈노란 방〉La Chambre de Van Gogh à Arles 이라는 제목으로 불린다. 반 고흐(1853-1890)는 〈노란

방〉을 세 장 그렸다. 1888년 10월에 그린 첫 번째 작품은 지금 암스테르담의 반 고흐 미술관에 전시되어 있고, 1889년 9월에 그린 두 번째와 세 번째 작품은 각각 시카고 미술관과 오르세 미술관에 전시되어 있다. 첫 번째와 두 번째 작품은 크기가 똑같고, 오르세 미술관에 걸려 있는 세 번째 작품은 크기가 앞의 두 작품보다 작다.

반 고흐는 1888년 2월 20일, 눈 내리는 아를 기차역에 도착한다. 처음에는 기차역 근처에 있는 '노란 집'의 일부만 빌려 아틀리에로 썼던 그는 9월부터는 이 집에서 살기 시작한다. 〈노란 방〉은 이 집(2차 대전 때 폭격을 당해 지금은 없다)에 있던 그의 방을 그린 것이다.

반 고흐는 폴 고갱과 편지를 주고받으며 아를에 내려와 예술적 체험도 공유하고 함께 그림도 그리자고 설득했다. 결국, 폴 고갱은 1888년 10월 말에 아를로 내려왔다. 반 고흐는 고갱이 내려오기 전 그를 기다리며 같은 달 〈노란 방〉을 그렸다. 그런데 처음에 그린 〈노란 방〉은 바로 옆을 흐르는 론강에 큰 홍수가 나서 그가 지내던 '노란 집'까지 물이 들어와 훼손되었다. 그러자 동생 테오가 이 그림을 복원하기 전에 복사본을 한 장 그려보는 게 어떻겠냐고 제안했다. 그래서 반 고흐는 그다음 해인 1889년, 두 번째 〈노란 방〉을 그렸다.

빈센트 반 고흐, 〈아를에서 반 고흐가 살던 방〉, 1889년
57.3×73.5cm, 5층 프랑수아즈 카셍 전시실

첫 번째와 두 번째 〈노란 방〉의 가장 눈에 띄는 차이는 벽에 걸린 그림이다. 두 번째 그림에는 반 고흐의 자화상(다갈색 머리로 이 인물이 고흐라는 사실을 쉽게 알 수 있다)과 한 여성의 초상화가 걸려 있다. 이 그림을 몹시 만족스러워하던 고흐는 네덜란드에 사는 여동생에게 선물하기 위해 크기가 작은 세 번째 〈노란 방〉을 그렸다.

방 안의 가구들은 단순하고 소박하다. 반 고흐는 돈이 없었기 때문에 꼭 필요한 가구만 갖추고 살았다. 침대 하나, 의자 두 개, 세수하기 위한 대야와 물을 담는 단지, 벽에 걸려 있는 수건, 거울. 벽에 걸려 있는 그림들(초상화 2점, 풍경화 1점, 데생 2점)은 그가 그린 것이다. 이 방의 가장 주요한 오브제는 '침대'다. 이 침대는 단순하지만 견고해 보인다. 침대는 온기와 안락함, 안전을 상징한다. 의자와 베개, 그림 등 다른 가구들은 두 개씩 그려져 있다. 이렇게 그려진 그림은 평화와 질서, 평정의 느낌을 불러일으킨다. 그런데 침대 다리는 양각으로, 즉 밑에서 위를 올려다보는 시점으로 그려져 있고, 의자와 책상은 부감으로, 즉, 위에서 밑을 내려다보는 시점으로 그려져 있다. 반 고흐는 이 작품을 같은 시점으로 그리지 않고 사물마다 다른 시점을 적용하였다. 즉 주관적으로 공간을 지각한 것이다.

반 고흐는 태양이 강렬하게 빛나는 남프랑스에 살게 되면서 노랑과 초록, 파랑 등 밝고 순수한 색을 사용하게 되었다. 그는 현대 회화에서 색의 사용이 얼마나 중요한가를 알고 있었다. 그는 자신의 작품에서 색을 상징적으로 사용했다. 즉 빨간색과 초록색은 인간의 열정을, 노란색은 사랑과 믿음, 희망, 생명을 상징한다. 푸른색은 평화로운 느낌을 불러일으키고, 한편 짙은 푸른색은 무한을 상징한다. 마지막으로 검은색은 그의 불안을 표현하는 데 사용된다.

상징주의적이며 표현주의적인 작품으로 평가되는 〈노란 방〉은 19세기의 인상주의와 20세기의 표현주의를 이어주는 고리라고 할 수 있다.

렘브란트나 고야처럼 반 고흐도 자기 자신을 모델로 하여 10여 년 동안 43점 이상의 자화상을 그렸다. 그는 동생 테오에게 이렇게 쓴다. "자기 자신을 안다는 것은 쉽지 않은 일이라고 사람들이 말하는데, 나는 이 말이 맞는다고 생각해. 그런데 자기 자신을 그리는 것도 그에 못지않게 어려운 일이야. 렘브란트의 자화상은 실물 이상이지. 나는 그의 자화상을 보고 계시받았어."

자신의 정체성을 찾기 위해 필사적으로 애쓰는 듯 평생 많은 자화상을 그린 반 고흐는 1889년 8-9월 사이 생레미드프로방스에서 이 〈자화상〉Portrait de l'artiste을 그렸다. 이 작품에서 그는 사진처럼 닮게 하려고 애쓴 것이 아니라 자신의 정신상태를 표현하려고 애썼다. 이를 표현하는 데 색이 얼마나 중요한 역할을 하는지 알고 있었던 그는 차가운 색을 사용하여 격렬한 터치로 자신의 모습을 그렸다. 이 작품에서 모든 것은 반 고흐를 뒤흔들어놓고 있던 정신적 동요와 강렬한 열정의 반영이다. 결코 찌푸리지 않은 것 같은 그의 눈은 광기로 이어지게 될 엄청난 내면의 힘을 보여주는 듯하다.

빈센트 반 고흐
〈자화상〉
1889년, 65×54.2cm
5층 프랑수아즈 카셍
전시실

"나는 앞으로 백 년 뒤의 사람들에게 마치 환영처럼 나타날 자화상을 그리고 싶다. 그러므로 나는 사진처럼 닮게 보이려고 자화상을 그리는 것이 아니라 나의 열정을 표현하려고 자화상을 그리는 것이다."

제4장

역사 속 이야기가 예술로 승화되다
루브르 미술관 속으로

윌리엄 터너, 〈멀리 강과 작은 만이 보이는 풍경〉, 1845년
94×124cm, 드농관 1층 713번 전시실

사람은 바라보기 전에 꿈을 꾼다

모든 풍경은… 무엇보다도 꿈의 체험이다

사람은 미적 열정에 의해 꿈에서 본 풍경을 먼저 바라본다

_ 가스통 바슐라르, 『물과 꿈』 중에서

터너(1775-1851)의 이 작품은 루브르 미술관에 딱 한 점 있어서이기도 하지만 그의 작품 세계를 잘 요약해 주는 그림이라서 더 귀하게 느껴진다. 이 작품은 미완성이지만, 완성된 작품보다 더 완결적이다. 그는 여러 작품을 동시에 그리기 시작했다가 미완성인 상태로 그냥 내버려 두는 일이 잦았다. 그래서 이 작품도 윤곽이 뚜렷하지 않고 불투명해서 마치 한 편의 추상화처럼 보인다. 내가 이 작품에 끌리는 것은 바로 이 같은 이유에서다.

작가 발자크는 『미지의 걸작』에서 이렇게 말한다. "캔버스에 아무것도 없어." 그가 주제 없는 그림이라고 말했던 그림이 바로 〈멀리 강과 작은 만이 보이는 풍경〉Paysage avec une rivière et une baie dans le lointain이다. 투명한 노란색 하늘과 푸르스름한 호수, 바다로 흘러들어 가는 강, 희뿌연 공기, 갈색 땅, 모래, 노란 풀, 물과 땅, 공기라는 자연 요소가 흐릿한 공간 속에서 합쳐져 꿈꾸듯 몽환적인 풍경을 만들어 낸다. 나는 그림 속으로 걸어 들어간다. 이 풍경 속에서는 내가 나비의 꿈을 꾸는 것일까, 아니면 나비가 내 꿈을 꾸는 것일까. 이 작품은 꿈과 현실이 뒤섞이는 한 편의 호접몽이다.

루브르 미술관 - Rue de Rivoli, 75001 Paris

12세기 말 파리는 영국군의 위협을 받고 있었고, 이에 프랑스 왕 필리프 오귀스트는 센강 북쪽에 파리를 방어할 성을 지었다. 이것이 루브르의 시초다. 이 최초의 성에 왕이 살지는 않았다. 이 성은 수비대 숙소와 무기고로만 쓰였다. 1360년 새로 프랑스 왕이 된 샤를 5세는 이 성을 개축하여 왕궁으로 사용하기 시작했다. 어두웠던 루브르성이 화려하게 장식된 밝은 루브르궁으로 바뀌었다. 그의 뒤를 이어받은 샤를 6세가 죽자 파리는 영국군에게 점령되었다. 그 이후 100년 동안 루브르궁에는 왕이 살지 않게 될 것이다.

1526년, 프랑수아 1세는 루브르궁에 완전히 자리

잡고 중세 루브르성의 서쪽 날개 건물 자리에 새로운 날개 건물을 짓기 시작한다. 앙리 2세는 새로운 남쪽 날개 건물을 건설하라고 지시하고, 서쪽과 남쪽 날개 건물이 만나는 지점에 왕의 별관을 마련한다. 1564년, 앙리 2세의 미망인인 카트린 드 메디시스는 서쪽에 튈르리궁을 지을 것을 명하고, 그 후 앙리 4세는 센강을 따라 루브르성과 튈르리궁을 연결하는 그랑드 갈르리를 짓도록 한다.

1643년 왕위에 오른 루이 14세는 불타버린 왕의 별관 자리에 아폴론관을 건설하기로 한다. 장차 쿠르 카레(루브르궁전의 주요 안뜰 중 하나)가 될 건물의 동쪽과 북쪽 날개 건물을 짓기 시작하는데 도시 쪽으로 나 있는 동쪽 날개 건물의 정면 공사를 클로드 페로에게 맡긴다. 그러나 1682년 루이 14세는 루브르궁을 떠나 베르사유궁으로 가고, 다시는 돌아오지 않을 것이다.

나폴레옹 3세는 쿠르 카레와 튈르리궁을 북쪽에서 연결하는 나폴레옹관을 완성한다. 1871년 일어난 파리코뮌 당시 튈르리궁은 코뮌군에 의해 불타버린다.

루브르 미술관을 상징하는 피라미드는 1984년 프랑수아 미테랑 프랑스 대통령의 의뢰를 받은 중국계 미국인 I. M. 페이가 설계했고, 1988년 완성되어 준공식이 열렸으며 일반인들에게는 1989년 공개되었다.

루브르궁이 루브르 미술관이 된 것은 프랑스 혁

도메니코 기를란다요
〈노인과 아이의 초상〉
1490년경
62.7×46.3cm
드농관 2층 그랑드 갈르리 710번 전시실

명 이후인 1793년의 일이다. 2019년 기준, 이 미술관은 50만 점 이상의 작품을 보유하고 있으며, 그중에서 〈모나리자〉와 〈밀로의 비너스〉, 〈사모트라키의 승리의 여신〉, 〈함무라비 법전〉 등 3만6천 점가량을 전시하고 있다.

〈노인과 아이의 초상〉Portrait d'un vieillard et d'un jeune garçon이 그려진 이탈리아 콰트로첸토 시대를 살았던 사람처럼, 루브르 미술관에서 친구 로랑 도데와 함께 이 그림을 오랫동안 바라보았던 마르셀 프루스트처럼, 그리고 이탈리아 르네상스기 작품에 그려진 인물들을 자기 주변에서 사는 사람들과 동일시하는 『잃어버린 시간을 찾아서』의 등장인물 샤를 스완처럼. 나도 매우 사실적인 이 작품에 등장하는 저 노인이 되어 그림 속으로 걸어 들어간다.

희끗희끗한 머리칼, 깊게 팬 주름, 보기 흉하게 일그러진 코…. 세월의 풍파가 그대로 새겨진 저 얼굴은 바로 21세기를 살아가는 나의 얼굴이기도 하다. 그러나… 아이를 내려다보고 있는 노인의 한없이 너그러운 눈길을 보라. 그리고 노인을 올려다보는 아이의 애정 어린 시선을 보라. 적잖은 나이 차이에도 불구하고 마음이 통한 두 사람을 보고 있노라면 내 마음도 조금씩 따뜻해진다. 날이 갈수록 깊어지는 세대 간 갈등도 이렇게 봄눈 녹듯 풀리기를.

힘든 여행 끝에 루브르에 안착한 〈모나리자〉

전 세계에서 가장 유명한 작품 중 하나인 〈모나리자〉 Portrait de Lisa Gherardini, épouse de Francesco del Giocondo, dit La Joconde ou Monna Lisa는 모든 것이 미스터리에 둘러싸여 있다. 그가 살던 시대에 가장 널리 알려진 화가였던 다빈치(1452-1519)는 이 그림을 1503년부터 그리기 시작했다. 이 작품을 주문한 사람은 이탈리아의 부유한 상인인 프란체스코 델 지오콘도로, 그는 아내

레오나르도 다 빈치, 〈모나리자〉, 1503-1506년
혹은 1513-1516년, 혹은 1519년까지*, 77×53cm, 드농관 2층 711번 전시실

를 그린 이 초상화를 새집에 걸고 싶어 했다. 하지만
이 역시 백 퍼센트 확실하지는 않다. 다빈치가 1516년
프랑스 왕 프랑수아 1세의 초청을 받고 이탈리아를
떠나 프랑스로 갔을 때까지도 이 작품은 완성되지 않
았을 가능성이 있다. 이 초상화의 모델이 누구인지도,
다빈치가 어떻게 파리까지 여행했는지도 여전히 불확

---

* 루브르 미술관 측에 따르면, 1513년부터 그리기 시작해서 1516년
  까지, 혹은 그가 세상을 떠난 1519년까지 그렸을지도 모른다.

실하다. 마찬가지로 프란체스코 델 지오콘도르가 이 초상화를 보기는 했는지, 이 초상화가 어떻게 해서 프랑스 왕의 컬렉션이 되었는지도 미스터리다.

프랑스 혁명이 일어나고 나서 루브르 미술관이 생겼지만, 〈모나리자〉는 여전히 베르사유궁에 걸려 있어서 일반인은 볼 수 없었다. 이 그림이 루브르 미술관에 전시된 것은 1798년의 일이었고, 이후 1801년 튈르리궁에 있던 조세핀의 방에 잠시 걸려 있다가 다시 루브르 미술관으로 돌아가기도 했다.

그러나 〈모나리자〉의 여행은 여기서 끝나지 않는다. 1911년 8월 21일, 이때 〈모나리자〉는 유리가 끼워진 채 루브르 미술관의 살롱 카레 전시관에 걸려 있었다. 이날 유리 끼우는 일을 하던 이탈리아 출신 빈센초 페루지아는 밤새도록 청소 도구를 넣어두는 벽장에 숨어 있다가 아침 7시쯤 밖으로 나왔다. 그는 〈모나리자〉에서 액자를 떼어낸 다음 그림을 옷 속에 숨기고 태연하게 미술관을 빠져나왔다. 몇 년 전에 이 그림에 유리를 끼워 놓은 사람이 바로 그 자신이었으니 이 정도는 식은 죽 먹기였다. 게다가 이 당시에는 미술관에 경보 장치도 설치되어 있지 않았다. 이 일이 알려지자 발칵 뒤집혔고, 결국 루브르 미술관 관장은 그만두어야만 했다. 사람들은 정말 〈모나리자〉가 사라졌는지 확인하기 위해 루브르 미술관으로 몰려들었고, 여기저기서 비난이 쏟아졌다.

프랑스 사람들은 〈모나리자〉를 영원히 볼 수 없으리라 생각했지만, 사실 이 그림은 루브르 미술관에서 겨우 몇 킬로미터밖에 떨어져 있지 않은 빈센초 페루지아의 아파트 침대 밑에 숨겨져 있었다. 그로부터 2년이 지나자 그는 그림을 들고 피렌체로 가서 한 미술품 상인에게 팔려고 시도했고, 이 상인은 경찰에 신고했다. 재판을 받게 된 그는 프랑스가 나폴레옹 전쟁 때 이탈리아에서 〈모나리자〉를 강탈해 간 것으로 생각해서 이 작품을 훔쳤다고 주장했다.

〈모나리자〉는 두 차례의 세계대전 중에 폭격이나 약탈을 당할까 봐 여러 차례 피난을 가야만 했다. 1938년 9월부터 1945년 6월 사이에 'MNLP no 0'이라는 명찰이 붙여진 채 무려 열 차례나 옮겨 다녔고, 1945년 6월 15일 드디어 루브르 미술관으로 돌아왔다. 이 세기의 작품은 1962년 12월 14일부터 1963년 3월 12일까지 워싱턴과 뉴욕에서 전시되고, 1974년에는 모스크바와 도쿄에서 전시회를 마지막으로 기나긴 여행을 마쳤다.

레카미에 부인(1777-1849)은 '메리디엔느'라고 불리는 긴 휴식용 소파에 우아하게 누운 채 얼굴을 돌려 관람객을 바라보고 있다. 로마풍으로 흰색 드레스를

입었는데, 두 팔을 드러냈으며 맨발이다. 그녀가 누워 있는 방은 가구라고는 긴 소파와 역시 고대에서 영감을 받은 큰 촛대뿐 텅 비어 있다. 멀리서 바라본 그녀의 얼굴은 그림 전체에서 아주 작은 공간을 차지하고 있을 뿐이다. 이 그림은 한 인물을 그려냈다기보다는 이상적인 여성의 우아함을 표현한 것처럼 보인다.

이 당시 스물세 살이던 레카미에 부인이 거의 반세기 동안이나 열어 놓았던 살롱에는 프랑스와 유럽 전역의 정치계와 예술계, 문학계 명사들이 끊임없이 모여들어 그녀의 아름다움과 우아함을 찬미하였다. 그녀를 숭배했던 수많은 남성 가운데는 나폴레옹의 동생인 뤼시앵 보나파르트, 프러시아의 아우구스트 왕자, 작가이자 정치가인 뱅자맹 콩스탕, 과학자인 앙드레-마리 앙페르와 그의 아들인 장-자크, 작가 알퐁스 드 라마르틴이 있다. 그리고 그녀의 이 초상화를 그린 다비드도(1748-1825)도 있다. 심지어 30대의 작가 오노레 드 발자크는 60대에 접어든 그녀를 만났다는 게 너무나 행복했던 나머지 그녀의 집에서 나오자마자 지나가던 사람을 아무나 붙잡고 포옹했을 정도였다. 모든 남자가 그녀를 보기만 하면 우아한 아름다움이 풍기는 매력에 사로잡혔지만, 그녀는 그들 모두를 예외 없이 거부하였다. 쥘리에트 레카미에는 정절의 화신이기도 했다. 그녀가 사랑했고 그녀를 사랑했던 단 한 명의 남자, 그는 바로 낭만주의 시인인 르네 드 샤토브리앙이었다.

그녀는 정치에 개입하여 프랑스의 운명을 바꾸어 놓지도 않았다. 예술 작품을 창조하는 작가나 화가, 음악가도 아니었다. 후세 사람들에게 동정심을 불러일으킬 만큼 기구한 삶을 살지도 않았다. 유혹한 남성들의 숫자를 세며 우쭐대는 바람둥이도 아니었다. 그렇지만 살아생전에 유럽 전역에서 그녀를 모르는 사람이 없을 만큼 이름이 널리 알려져 있었다. 죽은 지 200년이 지났지만, 그녀는 하나의 예술품으로 남아 영원한 생명을 누리고 있다.

그녀의 모습을 그린 것은 다비드뿐만이 아니었다. 프랑수아 제라르(1770-1837)를 비롯하여 수많은 화가가 그녀를 그린 작품들이 아직 남아 있고, 그녀의 모습을 빚은 조각품도 있다. 또 르네 마그리트(1898-1967)는 다비드의 이 미완성 작품을 패러디하여 레카미에 부인 대신에 관을 그려 넣었다(〈관점, 다비드의 레카미에 부인〉, 1951년).

깊은 잠에서 깨어나다

프시케는 '영혼' 혹은 '나비'를 뜻하며, 영어로는 '사이키'라고 읽는다. 왕의 딸인 그녀는 미모가 빼어나 미의 여신 비너스의 질투를 받았다. 비너스는 아들인 사랑의 신 큐피드(에로스)에게 프시케를 이 세상에서 가장 못생기고 혐오스러운 사람의 품에 안기게 하라고 시켰다. 그러나 큐피드는 프시케에게 한눈에 반했고, 두 사람은 사랑하는 사이가 되어 궁전에서 함께 살게 되었다. 큐피드는 프시케에게 완전한 어둠 속에서만 만날 수 있으며, 만일 자신의 모습을 보려고 하면 영원히 헤어지게 될 것이라고 경고하였다. 그러나 프시케는 자신이 사랑하는 남자의 얼굴을 보고 싶어 도저히 참을 수가 없었다. 등불을 켜서 그의 얼굴을 들여다보

안토니오 카노바
〈큐피드의 입맞춤으로
잠에서 깨어나는 프시케〉
1793년, 155×168cm
드농관 1층 4번 전시실

았다. 침상에서 잠을 자는 것은 다름 아닌 아름다운
사랑의 신 큐피드였다. 그러나 아뿔싸! 뜨거운 등불
기름이 큐피드의 어깨에 떨어져 내렸고, 그 바람에 놀
라 깨어난 큐피드는 프시케의 불신不信을 꾸짖고는 떠
나버렸다.

　　이 얘기를 들은 비너스는 복수심에서 프시케에게
여러 가지 일을 시켰다. 그중 마지막은 지하 세계의
여신인 페르세포네의 처소로 가서 아름다움이 담긴
상자를 가져오는 것이었다. 비너스는 무슨 일이 있어

도 상자를 열어보지 말라고 그녀에게 명했다. 하지만 상자를 손에 넣은 프시케는 또다시 호기심을 이겨내지 못하고 상자를 열었다. 그러자 상자에서 지옥의 잠이 쏟아져 나왔고, 프시케는 팔다리가 마비되면서 땅바닥에 주저앉아 잠을 자기 시작한다. 그녀를 잠에서 깨울 수 있는 것은 오직 큐피드의 입맞춤뿐. 이 사랑하는 여인이 너무 보고 싶었던 큐피드는 잠들어 있는 그녀에게 달려가 입을 맞추고, 그녀는 깊은 잠에서 깨어난다.

몇 대에 걸쳐 대리석을 다루는 석공 가문에서 태어난 이탈리아 조각가 안토니오 카노바(1757-1822)는 1787년 이 작품을 한 영국인으로부터 주문받아 1793년에 완성했고, 나폴레옹의 처남인 조아생 뮈라가 소유했다. 이 작품을 보고 있노라면 대리석이 아니라 인간의 살처럼 느껴진다. 대리석 표면을 매우 섬세하고 다양한 방법으로 다듬었기 때문에 프시케와 큐피드가 금방이라도 살아 움직일 것 같다. 그리고 두 사람 사이에서 나비가 살랑살랑 날아오를 듯하다.

밝고 흥겨운 그림에 감춰진 상징들

〈가나의 혼인 잔치〉Les Noces de Cana는 이탈리아 르네상스기의 베니스 화파에 속하는 베로네세(1528-

베로네세, 〈가나의 혼인 잔치〉, 1563년
677×994cm, 드농관 2층 711번 전시실

나는 왜 파리를 사랑하는가

1588)의 작품이다. 이 작품이 걸려 있는 전시실에서 볼 수 있는 작품들은 모두 베니스 화파 화가들이 그렸다(단 하나, 다빈치의 〈모나리자〉는 예외다). 요약하자면, 다빈치나 라파엘이 대표하는 피렌체 화파는 선(데생)을 중시하고, 베니스 화파는 색을 중시해서 이 전시실의 작품들은 모두 밝고 화려하다.

원래 이 작품은 베니스의 한 수도원 식당에 걸려 있었는데(수도사들은 식사하는 동안 대화를 하면 안 되고 종교화를 보며 사색해야만 했다) 나폴레옹의 1차 이탈리아 원정 당시 체결된 조약에 따라 1798년 프랑스에 넘겨졌다. 하지만 1815년에 이탈리아를 점령한 오스트리아가 이 작품을 돌려달라고 프랑스에 요구했다. 그러자 프랑스 측은 작품이 너무 커서 운송 중에 자칫하면 손상될지도 모르니 대신 루이 14세 시대의 화가 르브룅의 작품을 주겠다고 설득하는 데 성공했다. 이 작품은 1990년대 초 관람객들 앞에서 복원되었는데, 주로 색을 다시 칠하는 작업이었다.

이 작품은 신약성경의 요한복음 2장에 등장하는 가나의 혼인 잔치 장면을 매우 충실하게 재현했다. 여기서 예수는 처음으로 물을 포도주로 바꾸는 기적을 행한다. 식사 도중에 포도주가 떨어졌다. 그림 오른쪽의 하인이 항아리를 들어 포도주가 떨어졌다는 것을 보여준다. 이 당시는 식사하면서 포도주에 물을 타서 마셨다. 그러자 예수가 물을 포도주로 바꾸었으며, 이것은 그가 공적 생활을 시작했음을 의미한다. 이 작품은 그 장면을 그린 것이다. 하지만, 배경은 베로네세가 살던 시대의 베니스다.

예루살렘 부근의 가나라는 마을에서 결혼식이 치러졌고, 여기에 예수가 제자들과 함께 참석하였다. 그림 한가운데 예수와 성모마리아, 제자들이 앉아 있다. 원래 이 자리에 앉아 있어야 할 신랑 신부는 그림 맨 왼쪽에 보인다. 그 밖에도 성직자들과 왕족들, 베니스 귀족들, 베니스 시민들, 하인들도 그려져 있다. 모두 130명이다. 여기저기 개도 보인다. 그림 아래쪽 한가운데에는 이 전시실에 걸려 있는 그림들을 그린 베로네세와 바사노, 틴토레토, 티치아노가 악사의 모습으로 그려져 있다.

이 작품은 혼인 잔치를 그린 그림이라 많은 사람이 모여 신랑 신부를 축하해주고 환한 색들이 다채롭게 사용되어 전체적으로 밝고 흥겨운 분위기를 풍긴다. 하지만 이 그림에는 어둡고 불길하며 비관적인 의미를 띤 몇 가지 상징들이 감추어져 있다. 악사들 사이의 테이블 위에 모래시계가 놓여 있다. 모래시계에 들어 있는 모래가 밑으로 흘러내리면 다시 주워 담을 수 없다. 즉 시간은 한번 흘러가면 되돌릴 수 없는 것이다. 그림 한가운데 예수의 머리 바로 위를 보라. 식사를 마치고 이미 식탁에는 디저트가 올려져 있는데, 한 푸주한이 양고기를 자르고 있다. 장차 예수가 하느님의 어린 양Agnus Dei이 되리라는 것을, 즉 희생양이 되리라는 것을 예고하는 것이다. 또 성모마리아가 검은 베일을 쓰고 있는 것은 아들을 잃고 슬픔에 잠겨 있는 모습을, 즉 피에타를 미리 보여준다.

카르파치오의 유래가 된 그림

육회 요리는 유럽에도 있다(먹는 방법이 한국과 조금 다르기는 하다). 카르파치오가 그것인데, 이 이름은 사실 베니스 화가인 비토레 카르파치오(1465-1525 혹은 1526)의

비토레 카르파치오, 〈예루살렘에서 설교하는 에티엔 성인〉
1500-1525년, 148×194cm, 드농관 2층 710번 전시실

이름에서 따왔다. 이 화가의 작품 중에서 가장 유명한 것은 1515년에 그린 〈예루살렘에서 설교하는 에티엔 성인〉La Predication de saint Étienne이다. 이 작품에서도 볼 수 있듯, 이 화가가 유독 붉은색을 많이 사용해서 붉은 육회 요리에 카르파치오라는 이름이 붙여졌다고 한다. 쇠고기 부위 중에서 힘줄이 거의 없는 엉덩이 부위의 살을 쓰는데, 이 부위를 한국에서는 우둔살이라고 부르고 프랑스에서는 지트라고 부른다. 연어나 아구볼테기살을 재료로 쓰기도 한다.

나폴레옹, 새로운 제국의 탄생을 그림으로

이 거대한 크기(높이 약 6미터, 너비 10미터)의 〈나폴레옹 1세 황제와 조세핀 황후의 대관식〉Le sacre de l'empereur Napoléon 1er et le couronnement de l'impératrice Joséphine dans la cathédrale Notre-Dame de Paris은 역사의 증언인 동시에 재구성이다. 이 그림은 신문도, TV도, SNS도 존재하지 않던 시대에 나폴레옹(1769-1821)이 자신의 존재와 새로운 제국의 탄생을 널리 알리고 미화하는 프로퍼갠더의 수단이기도 하다.

나폴레옹은 1805년 이 작품을 왕의 화가인 다비드에게 주문하였고, 다비드는 1808년에 완성했다. 이 작품은 처음에는 베르사유궁에 걸려 있다가 루브르

자크-루이 다비드, 〈나폴레옹 1세 황제와 조세핀 황후의 대관식〉(부분)
1806-1807년, 621×979cm, 드농관 2층 702번 전시실

미술관으로 옮겨졌다. 다비드가 1807년 미국 사업가
들로부터 주문받아 망명 중이던 벨기에에서 1822년
에 완성한 또 다른 작품 〈나폴레옹 1세 황제와 조세핀
황후의 대관식〉(첫 번째 작품과 거의 차이가 없다)은 지금 베
르사유궁에 전시되어 있다.

　나폴레옹의 대관식은 1804년 12월 2일 파리의
노트르담 성당에서 거행되었다. 대관식을 위해 노트
르담 성당은 마치 연극무대처럼 꾸며졌다. 노트르담
성당이 프랑스 혁명 당시 크게 훼손된 상태였으므로
금빛 벌들이 그려진 벽지와 커튼으로 벽과 기둥을 감
추고, 장막으로 둥근 천장을 가려서 보다 엄숙한 분위

기를 연출했다. 전통적으로 프랑스 왕의 대관식은 파리의 노트르담 성당이 아니라 파리에서 북동쪽으로 130킬로미터 떨어진 랭스라는 도시의 대성당에서 거행되어왔다. 하지만 나폴레옹은 대관식을 랭스 대성당이 아닌 곳에서 거행함으로써 프랑스 부르봉 왕조의 전통으로부터 멀어졌다.

그럼에도 불구하고 그의 대관식에 '레갈리아'라고 불리는 왕권의 상징들, 즉 왕관과 왕홀, 사법의 손이 등장한다는 것은 그가 앙시엥 레짐ancien régime(구 체제)과 완전히 결별하지는 않았다는 사실을 보여준다. 또 로마 교황이 왕관을 집어 든 다음 왕의 머리에 씌워주는 것이 전통이었지만, 나폴레옹은 자기가 직접 왕관을 머리에 쓴 다음 돌아서서 다시 왕후 조세핀(1763-1814)에게 씌워주고 그녀가 프랑스인들의 왕후임을 선포하려 하고 있다. 그리하여 로마 교황 비오 7세는 엉거주춤한 자세로 오른손을 내밀어 축복을 해주는 것으로 만족한다. 이것은 나폴레옹이 1801년 로마 교황과 콩코르다 조약을 맺음으로써 로마가톨릭의 영향에서 벗어났다는 것을 의미한다.

이 거대한 초상화에는 150명가량이 등장하며, 그 중 80명 정도는 신원이 확인된다. 다비드는 처음에는 나폴레옹이 왕관을 머리에 쓰는 모습으로 그려놓았으나 나중에 조세핀에게 왕관을 씌워주는 모습으로 다시 그렸다. 그래서 나폴레옹의 머리 뒤쪽과 교황 사이에 빈 곳이 생기자 루브르 미술관에 전시되어 있던 율리우스 카이사르의 흉상에서 영감을 얻어 그려 넣었다.

이때 나이가 마흔두 살이었던 조세핀은 더 젊어 보이도록 머리를 손질하고 화장을 했다(조세핀이 나폴레옹보다 여섯 살이 더 많았다). 다비드는 한술 더 떠서 조세핀의 얼굴을 그녀의 딸 중 한 명의 얼굴로 그려 놓았다. 그녀는 대관식의 전통에 따라 방석 위에 무릎을 꿇고 두 손을 맞잡은 자세로 남편이(교황이 아니라) 왕관을 씌워주기를 기다리고 있다. 두 명의 시녀가 바닥에 길게 끌리는 드레스 자락을 들고 있다(실제로는 나폴레옹이 이렇게 해달라고 자기 여동생들에게 부탁했지만 거절당했다). 시녀들 뒤에 붉은색 모자를 쓰고 앉아 있는 인물은 장-바티스트 드 벨로이 추기경으로, 나이가 95세인 데다 이 의식이 3시간에서 5시간 동안 진행되기 때문에 앉도록 허용되었다.

그림 맨 왼쪽에 검은 모자를 쓰고 있는 두 남자는 나폴레옹의 형인 조제프와 두 번째 동생인 루이다. 이 두 사람의 오른쪽에 서 있는 여성들은 왼편에서부터 각각 나폴레옹의 여동생인 엘리사와 폴린, 카롤린이다. 카롤린의 오른쪽에 서 있는 여성은 조세핀의 딸인 오르탕스 드 보아르네로, 나폴레옹의 동생 루이와 결혼하여 낳은 루이 샤를 보나파르트의 손을 잡고 있다.

이 아이는 열 살 때 죽으며, 이 아이의 동생이 나폴레옹 3세가 될 것이다.

그림 오른쪽에서 왕홀과 사법의 손, 왕관을 들고 있는 인물들은 제1제국의 권력자들로, 각각 샤를-프랑수아 르브룅(재무총감)과 장-자크 레지 드 캉바세레스(국새상서), 루이-알렉상드르 베르티에르(제국 총사령관)다. 그들의 오른쪽에 빨간색 망토를 입고 있는 인물은 시종장인 탈레이랑이다. 조세핀의 뒤편에서 왕관이 놓여 있던 방석을 들고 있는 인물은 카롤린의 남편이자 나폴레옹의 처남인 조아생 뮈라로, 1808년에 나폴리 왕이 된다.

나폴레옹의 어머니 레티지아 보나파르트는 2층 칸막이 좌석에서 환하게 웃고 있다. 하지만 실제로는 큰아들 뤼시앵과 나폴레옹의 사이가 안 좋은 것이 나폴레옹의 잘못 때문이라 생각하고 참석하지 않았다. 레티지아 보나파르트가 앉아 있는 칸막이 좌석 위층의 칸막이 좌석에는 이 그림을 그린 다비드와 그의 아내, 두 쌍둥이 딸, 제자들, 스승, 친구들이 앉아서 대관식 장면을 내려다보고 있다. 제단 오른쪽에는 고위 관리들이, 왼쪽에는 각국 대사들이 그려져 있고, 조세핀의 뒤편에는 제국 장군들이 그려져 있다.

역사의 현장을 그린 작품들

1816년, 세네갈을 식민 통치하기 위해 400여 명을 싣고 떠났던 프랑스 범선 메두사호가 모래톱에 좌초하였다. 구명보트가 몇 척 되지 않았으므로 150명의 선원은 육지로 가기 위해 메두사호의 잔해로 만든 작은 뗏목에 올라타야만 했다. 그리하여 13일간의 악몽이 시작되었다. 갈증과 기아에 시달린 그들은 서로를 죽이고 죽은 자의 고기를 먹었다. 마지막까지 살아남아 구조된 것은 겨우 열 명에 불과했다.

테오도르 제리코(1791-1824)는 3년 동안 자료를 수집하면서 예술과 현실을 일치시키려고 애썼다. 그는

테오도르 제리코, 〈메두사호의 뗏목〉, 1819년
491×716m, 드농관 2층 700번 전시실

살아남은 사람들을 찾아가 이것저것 묻고, 모형을 만들고, 시체를 자신의 화실로 가져가 관찰하기까지 했다. 그는 1819년 살롱전에 이 거대한 작품을 전시했고, 관람객들은 이 암울한 분위기의 작품을 보며 매혹되기도 하고 분노하기도 했다.

전설적인 피라미드형 구성과 명암법으로 널리 알려진 〈메두사호의 뗏목〉Le Rideau de la Méduse은 그 이후로 19세기 회화의 걸작으로 간주되어 로망티즘의 아이콘이 되었다. 이 작품은 인간의 절망•과 희망••의 메타포다. 절망과 희망 사이에서 부유하는 것이 인간의 삶 아니겠는가. 이 작품은 이 같은 진실을 리얼하게 보여준다.

역사와 종교 속 들라크루아의 작품들

19세기 전반의 프랑스 낭만주의 회화를 대표하는 화가 으젠 들라크루아(1798-1863)의 〈민중을 이끄는 자유의 여신〉La Liberté guidant le peuple은 아마 그의 작품 중

• 그림 왼쪽에 보이는 한 남자의 시신은 하체를 생존자들이 먹어버려 상체만 남아 있고, 이 시신의 오른쪽에서는 한 남자가 죽은 아들의 시신에 손을 얹은 채 망연자실하고 있다. 오른쪽에는 얼굴이 안 보이는 시신이 바닷물에 잠겨 있다.

•• 그림 위쪽 한가운데 보이는 인물은 수평선에 나타난 배를 가리키고 있으며, 그 오른쪽에서는 두 사람이 살려달라며 옷을 흔들고 있다.

에서 가장 널리 알려져 있을 것이다. 이 작품의 시간적 배경은 1830년 7월 혁명이다. 공간적 배경은 파리 시내 어딘가이지만, 그림 오른쪽 중간에 탑처럼 보이는 것은 노트르담 성당의 종탑이다. 좀 더 가까이 다가가서 들여다보면 한 사람이 이 종탑에 올라가 승리의 깃발을 흔들고 있는 것이 보인다. 7월 혁명에서 파리 시민들이 승리를 거두었다는 것을 알 수 있다.

7월 혁명이란 무엇인가? 1816년 나폴레옹이 다시는 돌아오지 못할 섬으로 유배되자 왕정복고가 시작된다. 왕정복고란 루이 16세의 동생 두 명(루이 18세와 샤를 10세)이 다시 프랑스를 통치한 것을 말한다. 샤를 10세는 집회와 언론, 결사의 자유 등을 제한하는 등 반동의 시대로 돌아가려 했지만, 이미 1789년 혁명을 통해 자유를 체험한 프랑스인들이 이 같은 조처를 받아들일 리 없었다. 1830년 7월 27일, 28일, 29일('영광의 3일'이라고 부른다). 이 사흘 동안 시민들은 파리 전역에서 자유를 수호하기 위해 분연히 일어났고, 치열한 시가전 끝에 승리를 거두며 루이-필리프의 7월 왕정(7월 왕정 역시 1848년에 일어난 2월 혁명으로 붕괴되고, 제2공화국이 세워질 것이다)을 탄생시킨다.

이 작품에서 자유의 여신은 프랑스 삼색기를 휘두르며 파리 시민들을 이끌고 있다. 그녀가 쓰고 있는 빨간색 모자는 1791년 급진 혁명가들이 자유의 상징

으젠 들라크루아, 〈민중을 이끄는 자유의 여신〉, 1830년
297×325㎝, 드농관 2층 700번 전시실

으로 쓰던 프리지아 모자다. 그리고 여신 왼쪽에 검
정 모자와 검정 옷차림에 총을 든 사람이 들라크루아
자신이다. 하지만 그는 실제로는 혁명에 참여하지 않
았다. 빅토르 위고는 이 작품을 보고 『레미제라블』에
'바리케이드와 거리의 아이' 가브로슈(오른쪽 총을 든 소
년)를 등장시킨다.

　이 작품은 유로화가 등장하기 전 100프랑짜리 프

으젠 들라크루아, <천사와 싸우는 야곱>(부분), 1854~1861년
751×485cm, 생쉴피스 성당 – 2 Rue Palatine, 75006 Paris

랑화에 실렸었다. 또 파리 북동쪽의 도시 랑스에 있는
랑스 루브르 미술관에 전시되던 중 관람객에 의해 훼
손되었다가 복원된 적이 있다.

　파리에 있는 생쉴피스 성당의 생탕쥬 예배당에서
는 들라크루아가 그린 벽화 두 점(《천사와 싸우는 야곱》,
《예루살렘 성전에서 쫓겨나는 헬리오도루스》)과 천장화 한 점
(《용을 쓰러뜨리는 미카엘 천사장》)을 볼 수 있다. 이 세 작품
은 들라크루아가 1849년에 주문을 받아 1861년에
완성하였으며, 최근 2년에 걸친 복원 작업을 통해 원
래의 강렬한 색채를 되찾았다.

〈천사와 싸우는 야곱〉La Lutte de Jacob avec l'Ange은 구약의 창세기 32장 22절에서 32절까지의 이야기를 그린 것이다. 야곱은 외삼촌 라반의 집에서 20년간 지내다 형 에서가 사는 마을로 돌아온다. 그런데 어떤 이가 나타나 그와 밤새도록 싸움을 하게 된다. 그는 야곱을 도저히 이길 수 없게 되자 야곱의 엉덩이뼈를 친다. 그리고 야곱에게 "네가 하나님과 싸워 이겼으니 이제 네 이름은 야곱이 아니라 이스라엘이다"라고 말한다.

들라크루아는 이기적인 인간이었던 야곱이 신의 축복을 받아 새로운 인간으로 태어나게 만드는 이 싸움 장면을 한 발을 딛고 선 채 상대를 밀어붙이는 힘찬 몸동작, 꿈틀대는 등과 다리 근육, 물결치는 옷 주름을 통해 생생하게 표현한다.

모든 인간은 운명적으로 언젠가는 천사와 싸우게 되어 있다. 그러나 언제 이 싸움을 해야 하는지 알아내는 것은 결코 쉬운 일이 아니다.

_ 장 폴 카우프만

프랑스에 있는 가장 오래된
개인 초상화

리슐리외관의 프랑스 회화 전시관으로 들어서면 가장

먼저 눈에 들어오는 작품이 바로 〈용감한 자 장 2세〉 Jean Ⅱ le Bon다. 누가 언제 이 그림을 그렸는지는 밝혀지지 않고 있으나, 대략 14세기 중반으로 추측된다. 석고 도료로 밑칠을 한 다음 그 위에 템페라 그림물감으로 그렸다.

이 그림은 지금까지 프랑스에 보관된 것 중에서 가장 오래된 개인 초상화인데, 옆얼굴의 헝클어진 머리와 다듬어지지 않은 눈썹, 무거운 눈꺼풀, 아무 장식 없는 옷차림 등 한 나라의 왕이라고는 상상하기 힘든 모습에서 1309년에서 1418년까지 이어진 로마 교황의 아비뇽 유수 당시 이탈리아에서 건너온 화가들의 영향이 강하게 느껴진다. 이미 이 화가들은 14세기 초부터 인간의 형태를 사실적으로 충실히 재현하는 데 관심을 보였다.

장 2세(1319-1364)는 1350년 아버지인 발루아 왕조의 필리프 6세가 세상을 떠나면서 왕위에 올랐다. 그러나 그의 재임 기간은 페스트가 번지고, 칼레를 영국군에게 빼앗기고, 파리 시장 에티엔 마르셀이 반란을 일으키고, 농민 폭동이 수차례 일어나고, 영국과의 전쟁에서 연이어 패배하는 등 시련의 연속이었다. 게다가 왕위 계승권을 놓고 왕족들끼리 다툼이 끊이지 않았다.

사실 그는 이름만 용감한 자 장 2세지, 이름에 걸

작가 미상, 〈용감한 자 장 2세〉
14세기 중반, 60×44.5cm
리슐리외관 3층 835번 전시실

맞은 지략이나 능력을 보여주지 못했다. 게다가 욕심
많고 충동적이고 돈 펑펑 써대고 노는 거 좋아하여 호
시탐탐 프랑스를 노리는 위협적인 영국과 귀족, 상인
계급을 상대해 가며 프랑스를 다스리기에는 역부족인
인물이었다. 결국 그는 1356년 푸아티에에서 벌어진
영국군과의 전투에서 패배, 런던에 포로로 붙잡혀 가
고 말았다. 그가 런던탑에 포로로 잡혀 있는 동안 지
라르 도들레앙이라는 화가가 이 초상화를 그렸다는
설도 있으나 확실하지는 않다. 어쨌든 그는 몸값을 내

고 아들인 앙주 공작 루이를 인질로 맡겨 놓은 다음 다시 프랑스로 돌아왔다. 그러나 아들이 도망쳤다는 소식을 듣자 영국과 했던 약속을 지킨다며 다시 런던 탑으로 돌아가 여기서 1364년에 세상을 떠났다.

그림 위에는 'Jehan Roy de France'라고 쓰여 있는데, 그림이 완성된 후에 들어간 이 서명은 '나는 프랑스 왕이다'라는 뜻이다. 그래서 이 그림이 그가 왕위에 오르기 전에 그려졌다고 추측된다.

15세기 초 교황이 아비뇽을 떠나면서 이 성스러운 도시에 꽃피었던 예술이 그대로 쇠퇴하나 싶었지만 앙그랑 카르통(1411-1466)을 비롯한 화가들 덕분에 다시 한번 되살아났다. 앙그랑 카르통은 플랑드르 지방에서 가까운 프랑스 피카르디 지방 출신이지만 1444년경 프랑스 남부 프로방스 지역으로 내려가 활동하였고, 1445년부터는 아비뇽에 살며 그림 주문을 받기 시작하였다. 그래서 그의 작품은 이탈리아나 플랑드르 회화와는 차별화된다. 하지만 그의 활동이나 작품에 대해서는 알려진 것이 거의 없다.

강을 사이에 두고 아비뇽 교황청을 마주 보고 있는 작은 도시 빌뇌브-레-아비뇽의 참사회 교회에 걸려 있었던 것으로 추정되는 이 피에타•는 보는 사람의 마음을 애절하게 만든다. 이 그림에는 이렇게 쓰여 있다.

앙그랑 카르통 〈빌뇌브-레-아비뇽의 피에타〉, 1450-1475년
163×218cm, 리슐리외관 3층 833번 전시실

"지나가는 이들이여, 나의 아픔보다 더 큰 아픔이 이
세상 어디 있단 말이오?" 꼭 허공에 떠 있는 것처럼
보이는 예수의 옆구리에서 흘러나와 말라붙은 핏자국
을 보라.

이 그림을 주문한 사람의 눈길은 딴 세상에 가 있
는 듯 멍하고, 세례 요한은 고통스러운 표정으로 예수

- 중세 말기부터 회화에 등장하는 주제인데, 십자가에서 끌어 내려진
  예수, 그를 보며 슬퍼하는 성모마리아, 세례 요한, 막달라 마리아가
  등장한다.

의 가시관을 조심스럽게 벗겨내고 있으며, 막달라 마리아는 예수의 발에 바를 향유가 들어 있는 향유통에 눈물을 방울방울 떨어트리고 있다. 그리고 고통으로 인해 늙어버린 성모의 얼굴은 그 누구보다 더 슬픈 표정을 띠고 있지만, 또 한편으로는 신비롭게 느껴진다. 인물들 뒤편으로 왼쪽에는 예루살렘이, 오른쪽에는 아비뇽 북쪽에 있는 방투산이 그려져 있다. 성모마리아의 옷에 그려진 금빛 별은 그녀가 아침의 별이라고 불린다는 사실을 상기시켜 준다. 그리고 각 인물의 후광에서는 이름과 그 인물을 상징하는 꽃의 모티브를 볼 수 있다. 성모마리아는 고통을 상징하는 쐐기풀, 세례 요한은 순수함과 겸허함을 상징하는 꿀풀, 막달라 마리아는 성스러운 사랑을 상징하는 패랭이꽃이다.

루이 14세에게는 3개의 궁이 있었다. 우리가 잘 아는 베르사유궁은 프랑스 궁정 생활이 이루어지는 일종의 공적 공간이고, 트리아농궁은 주로 가족들과 함께 지내는 사적 공간이라고 할 수 있었다. 그리고 나머지 하나는 마를리궁으로, 총애하는 신하들과 함께 주말에 사냥하는 일종의 사교 공간이었다.

이 마를리궁은 지금은 다 무너져 흔적을 찾기 힘들고 유일하게 사냥을 마친 말들에게 물을 먹이던 장소만 비교적 온전하게 남아 있다. 이 장소를 프랑스어로

귀욤 쿠스투
〈말을 붙잡고 있는 마부〉
1745년, 340×284cm
리슐리외관 1층 102번 전시실

아브뢰브아르Abreuvoir라고 부른다. 이곳에 마를리의
말이라 불리는 두 개의 말 조각상이 서 있었는데, 하
나는 앙트완 코아제보(1640-1720)가 조각한 〈페가수스
의 등에 올라탄 페메〉La Renommée à cheval sur Pégase이
고 다른 하나는 귀욤 쿠스투(1677-1746)가 조각한 〈말
을 붙잡고 있는 마부〉Cheval retenu par un palefrenier다.

　이 두 점의 말 조각상은 프랑스 혁명이 일어나고
난 뒤 〈나폴레옹 1세 황제와 조세핀 황후의 대관식〉
을 그린 루이 다비드에 의해 파리의 콩코르드 광장에
서 샹젤리제 거리 초입으로 옮겨졌다. 그러나 공해로

앙트완 코아제보
〈페가수스의 등에 올라탄 페메〉
1702년, 315×291cm
리슐리외관 1층 102번 전시실

인해 조각상이 훼손되기 시작하자 루브르 미술관 내의 마를리 전시관으로 옮겨졌다. 이 두 마리의 말은 유리 천장 바로 아래 전시되어 있어서 꼭 하늘을 날아다니는 듯하다.

17세기 고전주의 회화를 대표하는 니콜라 푸생

니콜라 푸생(1594-1665)은 프랑스의 17세기 고전주의 회화를 대표하는 작가다. 그의 작품은 전 세계 곳곳의 미술관에 흩어져 있으나, 루브르 미술관에 주요한 작품이 가장 많이 전시되어 있다(리슐리외관 3층 12번-16번 전시실).

파리 북부의 작은 마을에서 가난하게 태어나 어렵게 그림 공부를 시작한 그는 그 당시 모든 화가가 그림을 배우러 가는 로마에 가고 싶어 했다. 하지만 돈이 없었던 탓에 두 번이나 실패했다. 그러다가 1624년 결국 로마에 도착, 베드로 성인에 관한 작품을 주문받았다. 그는 시의 주제에서 영감을 받았는데, 〈시인의 영감〉 같은 작품이 그중 하나다.

그는 1630년에서 1640년까지 10년 동안 로마에 머물렀다. 큰 병도 앓고 결혼도 한 이 시기에 그는 공공기관이나 교회의 주문을 마다한 채 수집가들이 선호하는 보다 적은 작품을 그리는데, 〈사빈느 여성들의 납치〉 같은 작품을 이때 그렸다.

그는 1640년에서 1642년까지 2년 동안은 루이 13세와 리슐리외 총리의 제안으로 파리에서 머무른다. 그리고 1650년까지 8년의 기간은 그의 고전주의 화풍이 본격적으로 꽃피운 시기인데, 〈아르카디아의 목동들〉이 널리 알려져 있다. 세상을 떠난 1665년까지 15년 동안은 풍경과 그 풍경 속의 인간이라는 주제를 본격적으로 탐구하였다.

〈시인의 영감〉L'Inspiration du poéte에서 가운데 앉아 있는 것은 아폴론 신이다. 그가 쓰고 있는 월계관과 리라를 보면 알 수 있다. 서사시와 웅변술의 수호신이며 뮤즈 중 가장 능력이 뛰어난 칼리오프는 플루트를 들고 있다. 아폴론 발밑에 서 있는 사랑의 요정은 시인에게 주기 위해 아폴론의 그것과 똑같은 월계관을 손에 들고 있다. 그는 책도 들고 있는데, 아마도 시인 비르길리우스가 쓴 책일 것이다. 이 작품에서는 시인만 유일한 인간이다. 그의 눈에 신들이나 요정은 안 보인다. 그는 하늘을 올려다보며 영감을 구하고 있지만, 사실 그에게 영감을 불어넣는 것은 그의 책을 손으로 가리키는 아폴론 신이다.

니콜라 푸생, 〈시인의 영감〉, 183×213cm, 1630년
리슐리외관 3층 826번 전시실

니콜라 푸생, 〈사빈느 여자들의 납치〉, 1638년
159×206cm, 리슐리외관 3층 825번 전시실

나는 왜 파리를 사랑하는가

니콜라 푸생, 〈아르카디아의 목동들〉, 1638년경
85×121cm, 리슐리외관 3층 825번 전시실

〈사빈느 여자들의 납치〉L'enlèvement des Sabine에서 왼쪽에 빨간 옷을 입고 서 있는 것은 로물루스다. 사빈느 여성들을 납치하라는 명령을 내리고 있다. 로마 시대 황제들의 동상을 그대로 베꼈다. 로마 남자들이 울며 도망치려 애쓰는 사빈느 여인들을 붙들고 있다. 납치라는 주제는 매우 극적인 효과를 낳기 때문에 주로 16세기와 17세기 화가들이 자주 그렸다. 널리 알려진 예로는 파리스의 헬렌 납치, 제우스의 유로프 납치 등이 있다. 똑같은 제목을 가진 그림이 뉴욕의 메트로폴리탄 미술관에도 있다.

니콜라 푸생
〈봄〉〈여름〉〈가을〉〈겨울〉
1660–1664년
118×160cm, 리슐리외관
3층 825번 전시실

나는 왜 파리를 사랑하는가

아르카디아는 그리스의 펠로폰네스 반도 한가운데 위치한 지역으로 그리스 로마 시대에 지상낙원으로 여겨졌다. 〈아르카디아의 목동들〉Les Bergers d'Arcadie 에서는 목동들이 무덤에 새겨진 'Et in Arcadia Ego' 라는 문장의 의미에 대해 생각해 보는 듯하다. 이것은 '심지어는 아르카디아에도 나는 존재한다'라는 뜻이고, '나'는 죽음의 신이다. 그렇다면 푸생은 자기 그림을 보는 사람에게 삶과 죽음에 대해 성찰하라고 권유하는 것이 아닐까?

인생의 큰 단계들에 관해 성찰하는 작품들로 〈봄〉, 〈여름〉, 〈가을〉, 〈겨울〉은 푸생의 유작이라 할 수 있다. 원래는 리슐리외 추기경의 사촌인 리슐리외 공작을 위해 그린 그림이다. 그러나 리슐리외 공작은 루이 14세와 정구시합을 해서 지는 바람에 이 그림들을 다 뺏겼다.

〈봄〉Le Printemps은 〈지상천국〉이나 〈지상천국의 아담과 이브〉라고도 불리며, 이브가 아담에게 사과를 가리켜 보이고 있다. 자연의 비옥함에 대한 성찰이 엿보인다.

〈여름〉L'Eté에는 구약의 룻기에 등장하는 에피소드가 그려져 있다. 가난한 하녀 룻은 보아스로부터 그의 밭에 이삭을 주워도 좋다는 허락을 받고, 후일 다윗의 할아버지인 오벳을 낳는다.

〈가을〉L'Automne은 〈가나안의 포도송이〉라고도 불린다. 구약성경의 민수기 13장에 등장하는 장면을 그린 것으로, 모세가 가나안 지역을 살펴보라며 보낸 사람들이 장대에 포도송이를 꿰어 들고 오고 있다.

〈겨울〉L'Hiver은 〈대홍수〉라고도 부른다. 비가 그만 내리도록 해달라고 하늘에 애원해 보지만, 천둥 번개는 더 요란해진다. 여인은 어린아이를 바위 위의 사내에게 올려주는 것일까, 아니면 반대로 사내가 아이를 배에 태우는 것일까? 어찌 됐든 악과 불행을 상징하는 거대한 뱀이 그 음산한 모습을 드러냈다. 인류는 이제 영원히 물에 잠겨 멸망하는 것인가? 아니면 물이 줄어들고 저 어린아이가 다시 인류에게 희망을 불어넣을 것인가? 이 작품은 우리 시대에도 여전히 유효한 질문을 던진다.

성경 속 인간의 모습을 그리다

수태고지의 장면은 신약성경의 「누가복음」 1장 26-38절에 등장한다. 여기서 신께서 보내신 가브리엘 천사는 하나님이 자신의 아들을 마리아에게 수태시키기로 했다고 그녀에게 알린다(고지). 플랑드르 화가 베이던(1400?-1464)이 참나무에 그린 이 유화는 천사가

로히어르 판 데르 베이던
〈수태고지〉
1434년, 86×93cm
리슐리외관 3층
818번 전시실

마리아에게 인사하고 수태를 알리는 순간을 그렸다.

> 처녀가 그 말을 듣고 놀라 이런 인사가 어찌함인가 생각하매
> / 천사가 이르되 마리아여 무서워하지 말라 네가 하나님께
> 은혜를 입었느니라 / 보라 네가 잉태하여 아들을 낳으리니
> 그 이름을 예수라 하라
>
> _「누가복음」 1장 29-31절

이 작품은 원래 1440년경에 세 폭으로 그려진 제단화인데 그중 가운데 그림이다. 높이 86센티미터, 너비 93센티미터의 이 작은 제단화는 교회가 아닌 각 가정에서 개인적으로 기도를 올릴 때 펼쳐놓았다.

브뤼셀의 공식 화가로 엄청난 명성을 누렸던 베이던은 이 작품을 빌라라는 이름의 이탈리아 상인으로

부터 주문받았다. 그 당시 상업이 크게 번성했던 플랑드르 지방의 도시에 많은 이탈리아 상인들이 자리 잡았고, 빌라는 그중 한 명이었다.

중세 말 유럽에서는 마리아 숭배가 크게 유행해서 수태고지를 주제로 하는 그림이 많이 그려졌다. 이때 신학자들은 마리아가 처녀인 상태로 예수를 수태했다는 무염수태론을 주장했다. 이 같은 이유로 수태고지를 그린 작품에는 비둘기와 빛다발이 자주 등장한다.

이 그림에 등장하는 마리아의 방에는 많은 상징이 있다. 베이던 이전의 화가들은 수태고지 장면의 장소를 교회나 교회 앞 광장, 혹은 수도원으로 잡았지만, 베이던은 처음으로 이 장면을 마리아의 방이라는 좀더 사적이고 내밀한 공간에 위치시켰다. 아마도 15세기의 기독교가 신교도들에게 일상생활에서 예수의 인간적 측면을 좀 더 느끼도록 부추겨서였을 것이다. 그래서 초자연적인 배경은 사라지고 친숙한 배경이 등장한다.

우선 혼례 침대는 예수와 교회의 신비로운 결합을 상징한다. 찬장에 놓인 물병은 물에 의한 정화를, 벽난로의 장식 기둥은 마리아의 처녀성을 상징한다. 또 오렌지는 선악과를, 빛이 통과하는 유리병은 기적의 수태를 상징하며, 꺼진 초가 하나만 꽂혀 있는 촛대는 예수가 비춰줄 빛에 대한 기다림을 상징한다. 흰 백합은

마리아의 순결을, 백합이 세 송이인 것은 수태고지의
이전, 수태고지의 순간, 그 이후를 상징하기 때문이다.

　　심지에서 불꽃이 타오르는 기름병과 몇 권의 책이
놓여 있는 책상 앞에 한 젊은 여성이 앉아 있다. 그녀
는 왼손으로는 턱을 괴고 오른손으로는 해골을 어루
만지고 있다. 무슨 생각을 저리 골똘히 하는 것일까?
오른손으로는 왜 해골을 만지고 있는 것일까?

　　그렇다, 메멘토 모리. 그녀는 지금 이렇게 침묵 속
에서 죽음에 대해 사유하고 있다. 흔들리는 촛불은 언
제 어느 때 꺼질지 모른다. 그렇듯 인간의 삶도 헛되
고 헛되어 언젠가는 죽음을 맞이할 것이고, 저렇게 아

조르주 드 라 투르
〈촛불 앞의 막달라 마리아〉
1640-1645년, 128×94cm
쉴리관 3층 912번 전시실

담의 해골만 남게 될 것이다.

> 내게 남은 건 오직 뼈와 해골뿐
>
> 앙상하고 무력하고 나약해지니
>
> 냉혹한 죽음이 문득 다가와 있네
>
> 용기 내어 내 팔을 쳐다볼 때마다
>
> 두려움에 온몸이 떨리네
>
> _ 피에르 롱사르, 「노년의 시」

삶의 덧없음과 죽음에 대한 두려움은 인간들로 하여금 세속적인 것을 버리고 하나님께 향하도록 만든다. 귀신에 들렸다가 예수에 의해 고침 받고(「누가복음」 8장 2절) 십자가에 못 박힌 예수의 죽음을 지켜보았으며 (「마태복음」 27장 56절) 부활한 예수를 만난(「누가복음」 24장) 막달라 마리아는 동굴 속에서 혼자 살며 삶과 죽음에 대해, 세속적인 삶과 종교적인 삶에 대해 사색한다. 어둠 속에 인간의 육체가 있고, 작은 불꽃이 그 육체의 일부를 비춰준다. 이 불꽃은 전쟁과 폭력, 그리고 전염병으로 얼룩진 우리 시대에 맞설 수 있게 해주는 작은, 그러나 꺼질 듯 꺼지지 않는 희망처럼 보인다.

구겨진 종이를 손에 들고 침대 위에 앉아 있는 여인. 명암법을 사용, 어두운 배경에 더욱더 분명하게 드

렘브란트
〈목욕탕에서 다윗왕이
보낸 편지를
손에 들고 있는 밧세바〉
1654년
142×142cm
리슐리외관 3층
844번 전시실

러나는 그녀의 벌거벗은 몸은 배에 주름까지 세세하게 그려져 있어서 더욱 인간적이다. 하지만 이 작품을 보는 관객의 눈을 무엇보다도 잡아끄는 것은 수심이 가득한 그녀의 표정이다. 도대체 저 편지에 뭐라고 쓰여 있기에 그녀는 모든 걸 체념한 듯 멍하니 허공을 바라보고 있을까?

이것은 구약성경의 「사무엘 하」 11장과 12장에서 이야기되는 장면이다. 다윗왕은 어느 날 밤 왕궁의 테라스에 나갔다가 한 여인이 목욕하는 것을 보고 즉시 그녀를 욕망한다. 그녀가 히타이트족 출신 장군인 우리아의 아내 밧세바라는 사실을 알게 된 왕은 편지를 지참한 심부름꾼을 보내 그녀를 데려오게 한다. 왕과 밧세바는 함께 밤을 보내고, 밧세바는 아이를 갖게 된다. 그러자 다윗은 우리아를 최전선으로 보내버리고, 우리아는 적군이 쏜 화살에 맞아 숨진다. 우리아의 장례가 끝나자 밧세바는 다윗왕의 아내가 된다.

렘브란트(1606-1669)는 다윗왕의 편지를 받고 난 직후의 밧세바를 그렸다. 다른 화가들이 그린 〈밧세바〉에는 밧세바가 테라스에 나와 있는 다윗왕과 함께 그려져 있다. 하지만, 렘브란트의 작품에는 밧세바만 빛에 노출되어 있어서(물론 그녀의 발을 씻는 하녀가 있긴 하지만, 이 하녀는 어둠 속에 있다) 사면초가에 빠진 그녀의 심리상태와 감정이 더 분명하게 드러난다. 그녀에게 주어진 선택은 단 두 가지, 왕의 명령을 따르거나 스스로 목숨을 끊는 것뿐이다. 하지만 자결할 용기는 없다.

다윗왕은 이렇게 해서 간통과 우리아의 죽음(사실은 우리아의 살해)이라는 두 가지 죄를 범했다. 예언자 나단은 신을 모욕했다며 그를 비난한다. 다윗왕은 자기가 잘못을 저질렀다는 사실을 깨닫고 크게 후회하지만 이미 늦었다. 과연 밧세바가 낳은 첫 번째 아들은 신의 벌을 받아 죽는다. 그러나 밧세바는 또다시 아들 솔로몬을 낳고, 솔로몬은 그의 왕위를 물려받아 이스라엘을 다스리게 될 것이다.

다윗의 삶에서 그다지 명예롭지 못한 이 에피소드는 성경에서 두 가지 중요한 측면을 포함하고 있다. 첫 번째는 그것이 인간들을 '있는 그대로의 모습'으로 보여준다는 사실이다. 즉 인간들의 장점과 결점, 선의와 악의, 그리고 이따금 그들이 저지른 죄까지 동시에 보여주는 것이다. 등장하는 인물들은 모순적이고 예측 불가능하다. 가장 훌륭한 사람이 살인자가 될 수도 있다. 하지만 이 에피소드는 '용서'라는 두 번째 측면을 포함하고 있다. 누구든지 잘못을 저지를 수 있다. 하지만 잘못을 깨닫고 바른길로 돌아갈 수 있다. 그리고 신과 새로운 약속을 할 수 있다. 여기서 '원죄의 아이'는 신으로부터 벌을 받아 죽었지만, 다윗이 후회하고 뉘우치자 이스라엘의 세 번째 왕 솔로몬이 태어난 것이다.

마리아의 죽음에 관한 글은 성경에 등장하지 않지만, 자크 드 보레뉴가 쓴 유명한 『성인전』에는 이렇게 나와 있다.

요한은 다른 제자들에게 마리아가 죽을 것이라고 예고하며 이렇게 말한다. '형제들이여, 마리아가 죽더라도 눈물 흘리지 않도록 조심하시오. 사람들이 형제들의 눈물을 보고 당혹스러워하며 이렇게 생각할까 두려우니 말이오. '저 사람들은 다른 이들에게는 부활을 설교하더니 자기들은 죽음을 무서워하는군!'

… 그런데 새벽 세 시경에 예수가 다수의 천사와 족장 일행,

순교자들의 무리, 신앙 고백자들의 집단, 처녀들의 합창단을 끌고 도착하였다. 그리고 이 성스러운 무리들은 마리아의 옥좌 앞에서 찬양의 찬송을 부르기 시작하였다. … 그동안 거기 있던 세 명의 처녀가 마리아의 옷을 벗기고 몸을 씻어냈다. 그러나 그들은 이 일을 하는 동안 마리아의 몸이 눈부시게 빛나서 그것을 볼 수 없었다.

마리아는 잠이 든 것일 뿐 죽은 것이 아니며, 천사들에 의해 하늘로 들어 올려져 예수의 영접을 받을 것이다. 하지만 카라바조(1571-1610)의 〈성모의 죽음〉La Mort de la Vierge에서 마리아의 죽음은 이렇게 이상화

카라바조, 〈성모의 죽음〉
1601-1606년
369×245cm, 드농관 2층
그랑드 갈르리 712번 전시실

되어 있지 않다. 카라바조는 중세 이후로 이어져 온 성모의 영면이라는 전통보다는 자기 눈으로 직접 바라본 현실을 캔버스에 그렸다. 초라한 행색의 마리아는 좁은 침대에서 죽었거나 죽어가고 있다. 침대는 진짜 침대가 아니라 그냥 널빤지에 불과하다. 얼굴은 시체 특유의 창백한 색을 띠고 있으며, 배는 살짝 부어올랐다. 침대 밖으로 늘어트려진 두 발은 더럽다. 왼손은 허공에 늘어져 있고, 오른손은 배 위에 아무렇게나 놓여 있다. 얼굴 뒤에 보일 듯 말 듯 그려진 후광이 아니었다면 그녀가 예수의 어머니라는 사실을 짐작조차 하지 못할 것이다.

마리아의 주변에 있는 인물들도 마찬가지다. 얼굴이 대부분 어둠 속에 잠겨 있어서 누가 누군지 구분하기 힘들다. 다만 전경에서 울고 있는 여성은 막달라 마리아로, 마리아 뒤편에 서 있는 인물들은 오른쪽에서부터 예수의 제자인 요한과 바울, 베드로로 짐작된다.

카르바조는 이 그림에서 일체의 신성성神聖性을 제거함으로써(마리아의 후광을 제외하고) 예수의 어머니에게 보다 인간적인 모습을 부여했다. 관람객은 이 그림을 보며 저절로 자신의 어머니를 떠올릴 것이다. 나도 그랬다.

그림 속 프랑스 절대군주제의 상징들

대관식 복장을 한 루이 14세(1638-1715)의 초상화는 그가 스페인 왕위에 오른 둘째 손자 필리프 당주에게 주려고 1701년 궁정화가 이아셍트 리고(1659-1743)에게 그리도록 한 것이다. 이 그림에는 절대군주제의 아이콘인 루이 14세를 상징하는 여러 장치가 연출되어 있다.

리고는 캔버스에 종이를 강력 풀로 붙여놓은 다음 거기에 루이 14세의 얼굴만 그렸고, 나머지 부분은 조수들이 그리도록 했다. 루이 14세는 자신의 얼굴 특징이 이상화되기를 원하지 않았으므로 통풍을 앓고 있던 그의 63세 얼굴에는 노화의 징후들이 그대로 드러나 있다. 루이 14세는 머리에 큰 가발을 쓰고 있다. 탈모증을 앓았던 아버지 루이 13세를 닮아 이미 30대 초반에 머리가 벗어지기 시작했던 그로서는 어쩔 수 없는 선택이었을 것이다. 얼굴은 나이든 남자의 얼굴이지만 다리는 춤을 추려고 한쪽 발을 앞으로 뻗은 젊은 무용수의 다리처럼 날씬하다. 빨간색 굽이 달린 신발에는 리본이 달려 있다.

이 초상화에서는 모든 것이 상징적이다. 왕 오른편의 대리석 기둥은 힘과 견고함을 상징한다. 기둥 아래쪽에 그려진 법과 정의의 여신 테미스는 저울과 검

이아셍트 리고
〈루이 14세의 초상〉
1701년, 277×194cm
쉴리관 2층

을 들고 있다. 왕은 공평한 중재자가 되어야 한다. 왕
뒤쪽에 놓여 있는 왕좌는 권력을 상징하고, 커튼의 붉
은색은 왕권의 색깔이다.

　이 작품에서는 프랑스 왕들이 랭스에서 대관식을
거행할 때 사용하던 검과 왕홀, 사법의 손, 왕관, 도구
들을 볼 수 있다. 이 도구들은 왕이 신으로부터 위임
받은 세 가지 권력, 즉 종교 권력, 정치 권력, 사법 권
력을 상징한다. 샤를마뉴 대제의 검은 충성스러운 백
성들을 보호하기 위한 것이고, 왕홀은 왕의 힘과 권위
를, 머리 전체를 덮는 왕관은 왕권의 위엄을 상징한다.
사법의 손은 심판을 내릴 권리가 왕에게 있음을 상징
하는데, 엄지손가락은 왕을, 집게손가락은 이성을, 가

운뎃손가락은 자비를 의미한다. 왕이 입고 있는 망토의 푸른색은 부르봉 왕가의 색이고, 망토가 흰 담비 가죽으로 만들어졌다는 것은 왕이 부유하다는 의미다. 백합꽃은 부르봉 왕가의 문장이다.

이 모든 상징은 루이 14세가 그의 권력을 신으로부터 받았다는 것을, 그래서 그가 절대권력을 행사할 수밖에 없다는 것을 상기시킨다. 한 마디로, 이 초상화는 루이 14세가 72년에 걸친 통치를 통해 구현한 프랑스 절대군주제의 회화적 표현이라 할 수 있다.

그가 손자에게 주려고 했던 이 초상화는 결국 프랑스에 남아 있게 되었다. 아주 마음에 들어 했기 때문이다. 그는 이 그림의 복제화를 주문하여 마드리드로 보내고, 원화는 베르사유궁에 있는 왕의 침실에 보관하였다. 지금 원화는 루브르 미술관에 걸려 있고, 또 다른 복제화는 베르사유궁 아폴론의 방에 걸려 있다.

개인의 자유와
인간존재의 감정을 표현하기 시작하다

18세기 후반~19세기 전반 유럽에서 가장 유명한 초상화가였던 비제-르브룅(1755-1842)은 자신과 자신의 딸 쥘리 르브룅을 그린 두 작품을 남겼다. 그림에 탁월한 재능을 타고난 비제-르브룅은 이미 18세에 초상

엘리자베트 비제-르브룅
〈비제-르브룅 부인과
그녀의 딸〉
1786년, 105×84cm
쉴리관 3층 933번 전시실

엘리자베트 비제-르브룅
〈비제-르브룅 부인과
그녀의 딸〉
1789년, 130×94cm
드농관 1층 702번 전시실

화를 스물일곱 점이나 주문받아 그렸으며, 21세의 나이에 루이 16세의 궁정화가가 되었고, 23세 때는 여왕 마리-앙투아네트의 공식 화가가 되어 그녀의 첫 번째 실물 크기 전신상을 그렸다. 그리고 드디어 28세 때인 1783년에는 마리-앙투아네트의 전폭적인 지원을 받아 여성 화가로서는 드물게 왕립 회화, 조각 아카데미 회원이 되었다.

그러나 프랑스 혁명이 일어나자 마리-앙투아네트의 측근이었던 그녀는 어린 딸을 데리고 프랑스를 떠나야만 했다. 그녀는 이탈리아를 떠돌다가 1795년 러시아로 가서 러시아 상류사회 인사들의 초상화를 그리며 1801년까지 머물렀다. 12년 동안 타국을 떠돌던 그녀는 1802년 1월에서야 프랑스로 돌아왔다. 그러나 왕정주의자였던 그녀는 프랑스 혁명과 제1제정으로 이어지는 시대적 변화에 적응하지 못해 영국과 스위스 등지를 오랫동안 떠돌다가 1842년 파리에서 사망했다.

모정을 표현하는 것은 17세기까지만 해도 주로 종교적인 차원에 머물러 있었다. 15세기가 되서야 엄숙한 분위기를 풍기는 비잔틴 회화의 '아기 예수를 안은 성모마리아' 그림들이 사라지고 어머니 같은 성모마리아의 모습이 서서히 출현하기 시작했다. 그러나 회화가 모정을 세속적인 형태로 그리기 시작한 것은 18세기에 들어서다. 따라서 비제-르브룅이 자신과 딸을 그린 두 점의 초상화는 어머니와 자식의 관계가 변화되었음을 예술적으로 표현한 혁신적 작품이라고 볼 수 있다.

예술이 모정에 대해 이렇게 늦게 관심을 보였다는 사실에 놀라워할 필요는 없다. 예술 작품의 주요한 주문자였던 귀족과 부유한 부르주아지들은 아이들을 낳자마자 바로 유모에게 맡기고 멀리서만 관심을 기울였다. 한편 가난한 부모들은 하루하루 힘들게 살아가느라 아이들에게 이 같은 감정을 표현할 여유가 없었다. 그러나 계몽사상은 그때까지 역사가 개인에게 부여하기를 거부했던 위치를 그에게 부여했다. 루소는 자신의 이야기인 자서전 『고백록』을 썼다. 인간의 감정에 관심을 두게 된 것이다. 어머니는 아이에게 젖을 먹이고 돌보기 위해서뿐만 아니라 아이를 사랑하기 위해서도 아이와 가까이 있어야만 한다.

예술은 한 시대의 흐름을 반영하는 법이다. 18세기 후반기, 철학자들이 개인의 자유와 각 인간존재의 감정을 우선시하는 새로운 세계관을 제시하자 화가들도 르브룅처럼 모정을 표현하기 시작하였다. 첫 번째 작품 〈비제-르브룅 부인과 그녀의 딸〉Madame Vigeé-Le Brun et sa fille, Jeanne-Lucie-Louise, dite Julie이라는 제목으로 1787년 살롱전에 출품되었고, 큰 성공을 거두었다. 변화된 부모 자식의 관계를 시대의 흐름에 맞게 그려낸 것이다. 얼마 지나지 않아 사람들은 이 작품에 〈모정〉이라는 제목을 붙였다.

여러 왕과 왕비를 거친
세계에서 가장 아름다운 다이아몬드

오랫동안 모습을 감추었던 〈'섭정' 다이아몬드〉Diament, dit 'le Régent'가 아폴론 갤러리로 다시 돌아왔다. 이 보석은 1698년 인도에서 발견되었는데, 원래는 426캐럿이었던 것을 140캐럿으로 깎았고, 1717년에 오를레앙공 필리프(루이 13세의 손자이며 루이 14세의 조카)에게 팔렸다. 루이 15세가 다섯 살 때부터 열세 살 때까지 8년 동안 섭정을 했던(그래서 다이아몬드 이름이 '섭정'이다) 오를레앙공 필리프는 1722년 루이 15세의 대관식이 열렸을 때 왕관에 이 보석을 달았다.

　그 후로 마리-앙투아네트도 이 보석을 자주 달고

〈'섭정' 다이아몬드〉, 드농관 2층 705번 전시실

다녔으며, 나폴레옹은 자신의 대관식 때 칼집에 그걸 달았고, 그의 아내인 마리-루이즈(마리-앙투아네트의 조카 딸)는 제1제정이 무너지자 그걸 가지고 조국인 오스트리아로 돌아갔으나 결국에는 돌려줘야만 했다. 샤를 10세의 대관식 때도 이 다이아몬드를 왕관에 달았고, 나폴레옹 3세의 부인 으제니는 왕관에 이 보석을 달고 튈르리궁에서 열린 무도회에 나타났다.

왼쪽에 있는 다이아몬드는 '상시'le Sancy라고 불린다. 15세기 인도에서 발견된 것으로 추정되는 이 보석은 여러 사람의 손을 거쳐 결국은 루이 14세의 소유가 되었고, 루이 15세와 16세의 대관식 당시 왕관에 달았으며, 다시 마리-앙투아네트의 보석이 되었다. 1979년, 루브르 미술관 측이 백만 프랑에 이 다이아몬드를 사들였다.

완전하지 않아 더더욱 신비로운

높이가 2미터가 넘고 두 팔을 잃어버린 이 완벽한 여성 조각상은 1820년 그리스의 멜로스 섬에서 요르고스 켄트로타스라는 사람이 발견했다. 그런데 이 사람은 그리스 로마 시대 전문가가 아니라 농부였다. 그냥 자기 밭에 돌담을 쌓으려고 돌을 찾고 있었을 뿐이었다. 그러다가 대리석으로 조각한 이 여성상의 상체를

〈멜로스의 비너스상〉, 기원전 150-125년, 204cm, 쉴리관 1층 345번 전시실

나는 왜 파리를 사랑하는가

먼저 발견했고, 계속 더 파다 보니 하체와 부서진 다른 조각들도 발견하게 된 것이다.

그런데 이 여신상이 어떻게 지금 루브르 미술관에 와 있게 된 것일까? 이 여신상이 발견될 당시, 마침 프랑스 해군의 함정 한 척이 멜로스 섬에 정박하고 있었다. 그리고 이 함정의 승무원들 가운데 올리비에 부티에라는 젊은 해군 사관생도가 있었다. 고고학에 깊은 관심이 있었던 그는 이 여신상의 발견 사실을 프랑스 당국에 알렸고, 당시 콘스탄티노플(지금의 이스탄불) 주재 프랑스 대사였던 리베에르 후작은 그걸 사서 프랑스 왕 루이 18세에게 선물했다. 그리고 왕은 1821년 이 것을 다시 루브르 미술관에 기증한 것이다.

이 여신상은 즉시 유명해졌다. 전 세계에서 관람객들이 밀려들었고, 두 팔이 없다는 사실이 보는 사람의 상상력을 더더욱 자극했다. 불완전한 이 조각상은 반쯤 벌거벗은 여성의 모습을 하고 있다. 상체가 허리와 다리를 감싸고 있는 드레스에서 빠져나오는 듯 보인다. 틀어 올린 머리는 가느다란 끈에 묶여 있다.

이 작품은 과연 누구를 조각한 것일까? 예술사학자들은 이 여성이 반쯤 벌거벗고 있는 거로 보아 그리스인들은 '아프로디테'라고 부르고 로마인들은 '비너스'라고 부르는 사랑과 아름다움의 여신일 것이라고 결론지었다. 하지만 이 작품이 멜로스 섬에서 숭배되었던 바다의 여신 '앙피트리테'일 가능성도 완전히 배제할 수는 없다.

이 조각상은 두 팔이 없어서 원래 어떤 자세를 취하고 있을지에 대해 많은 궁금증을 불러일으킨다. 팔이 붙어 있었더라면 손에 들고 있는 걸(예를 들면 사과라든가 거울, 방패 같은) 보고 신원을 확실히 알 수 있었을 테지만, 그럴 수 없으니 안타깝다. 이 조각상은 지금은 하얀색에 몸에 아무것도 걸치고 있지 않지만, 원래는 색칠이 되어 있고 왕관을 쓰거나 귀걸이, 팔찌를 착용하고 있었을 것으로 추측된다. 이 〈멜로스의 비너스상〉Vénus de Milo은 완전하지 않아서 더더욱 신비롭고 매혹적이다.

위대한 신을 숭배한 기원전 작품들

그리스와 로마 시대 조각품이 전시된 보르게즈 전시관을 지나 나타나는 계단을 하나씩 오르다 보면, 승리의 여신이 저 위로 모습을 나타낸다. 세찬 바람을 맞아 드레스가 온몸에 찰싹 달라붙은 이 승리의 여신은 날개를 활짝 펼치고 금방이라도 하늘로 날아오를 듯하다. 서명도, 헌사도 없어서 〈사모트라키의 승리의 여신상〉La Victoire de Samothrace을 누가 조각했는지는 알 수 없다. 그러나 이 헬레니즘 시대(기원전 2세기)의 걸

<사모트라키의
승리의 여신상>
기원전 2세기
높이 512cm
드농관 2층
703번 전시실

작은 <모나리자>나 <밀로의 비너스>와 함께 단연 루브르 미술관의 스타다.

이 승리의 여신상은 기원전 190년 로도스 인들이 마케도니아 인들과 해전을 치러 거둔 승리를 기념하기 위해 조각된 것으로 추정되며, 위대한 신들을 숭배하는 사모트라키섬의 신전을 장식하고 있었다. 하지만 1862년 에게해에 떠 있는 사모트라키섬에서 프랑스 고고학자 샤를 샹프와조에 의해 발견되었을 당시만 해도 이 여신상은 2백 개나 되는 파편으로 부서져 있어서 형체를 분간하기 힘들었다.

이 파편들은 1866년 루브르 미술관으로 옮겨졌고, 승리의 여신은 퍼즐을 맞추는 작업을 거쳐 완전하지는 않지만, 그 모습을 드러냈다. 1879년에는 뱃머리 역할을 하는 대리석을 섬에서 가져와 여신상과 결합했다. 그 뒤에도 허리띠를 석고로 다시 만들었고, 매우 약했던 왼쪽 날개는 철골로 고정했으며, 아예 처음부터 없었던 오른쪽 날개는 석고로 만들어 붙이는 등 복원 작업을 거쳐 지금 우리가 보는 승리의 여신상이 탄생하였다. 그 이후로 이 여신상의 머리를 찾으려고 애썼으나 성과가 없었고, 한쪽 손만 발견하여 여신상 왼편에 전시하고 있다. 2013년 루브르 미술관 측은 〈사모트라키의 승리의 여신상〉을 다른 전시실로 옮겨 표면에 쌓인 먼지를 완전히 벗겨냈고, 이 여신상은 원래의 아름다운 색깔을 되찾았다.

이 날개 달린 승리의 여신(그리스어로 '니케'라고 불리는)은 일반적으로 하늘을 날아다니며 운동경기나 전투에서 승리를 거둔 인간에게 승리의 관을 씌워주는 역할을 한다. 이 여신은 날개를 활짝 펴고 뱃머리에 내려앉았다. 이 작품을 조각한 조각가는 높이는 3미터가 넘고 무게는 무려 2톤이 넘는 이 육중한 조각상에 경쾌하게 비약한다는 느낌을 불어넣으려는 대담한 시도를 하였다. 이 승리의 여신상은 '연인을 만나러 가는

아름다운 여인'(라이너 마리아 릴케)처럼 내 마음속을 날아
다닌다.

기원전 12세기 중반, 엘람 왕국의 슈트루-나훈테
왕은 군사작전을 통해 바빌론을 포함한 메소포타미아
대부분을 정복하였다. 승리를 거둔 왕은 그의 군대가
정복한 도시들을 약탈하면서 포획한 전리품들을 엘람
왕국의 수도인 수사(지금의 이란)로 가져왔다. 이 전리품
들은 그의 무공을 증명하고 그가 정복당한 나라의 왕
들보다 우월하다는 것을 보여주기 위해 수사의 아크
로폴리스에 전시되었다. 이 전리품 중에는 바빌론 왕
국에서 토지를 증여했다는 사실이 기록된 석비(쿠두루
라고 부른다)라든가 나람신 왕의 승리비 등이 포함되어

〈바빌론 왕 함무라비의 법전〉
기원전 18세기 전반
높이 2.25m 너비 55cm
리슐리외관 1층 2번과 3번 전시실

있었다.

가장 주목할 만한 유물은 뭐니 뭐니 해도 기원전 18세기 전반기 검은 현무암에 법 조항을 기록한 〈함무라비 법전〉 돌기둥이었다. 고대 제1 왕조 제6대 왕인 함무라비가 제정한 〈함무라비 법전〉은 인류 역사상 가장 오래된 사법 문서 중 하나이며, 루브르 미술관 소장품 중에서 가장 유명한 기념물이다. 그러나 기원전 12세기 말에 수사를 정복한 신 바빌론 왕국의 나부쇼도노소르 1세 왕은 무슨 이유에서인지 이 함무라비 비석을 바빌론으로 다시 가져가지 않았다. 우물 속에 내던져지는 바람에 세 조각으로 깨져버린 이 비석은 1901년 겨울 자크 드 모르간이 이끄는 프랑스 고고학 발굴팀에 의해 발견되었고, 장-뱅상 쉐유 신부에 의해 금세 해독되었다. 높이 2.25미터, 너비 55센티미터의 검은색 현무암에 282개 법 조항이 기록된 이 함무라비 법전은 역사적, 문학작품이며 가장 완벽한 예술품이기도 하다.

비석 윗부분을 보자. 왼쪽은 함무라비 왕이며 오른쪽은 하늘과 땅의 심판자이자 태양신, 법의 수호신인 샤마슈다. 수염을 기르고 오른쪽 어깨가 드러난 긴 튜닉을 입은 왕이 경의의 표시로 손을 들어 올리고 있다. 샤마슈 신은 신을 상징하는 뿔 달린 삼중관을 쓰고 있으며, 두 줄기의 빛이 양쪽 어깨에서 솟아오른다.

그는 왕에게 왕권의 상징인 홀장과 공정의 상징인 둥근 고리를 건네준다.

법전은 서문, 본문, 맺음말로 이루어져 있다. 문학적인 언어로 쓰인 서문은 통치 말기에 접어든 함무라비 왕의 위업을 기리고 있다. 본문에는 그 유명한 동태복수법이 등장한다. "사람이 높은 사람의 눈을 멀게 하면 제 눈을 멀게 할지니라(제 196조).", "사람이 제 계급 사람의 이를 부러트리면 제 이를 부러트릴지니라(200조)."

마지막으로 에필로그는 이 법전을 통해 왕의 뜻이 널리 퍼져나가기를 천명하는 한편 비석을 훼손시키면 저주받을 것이라고 경고한다. 이 법전은 여러 개의 비석에 새겨져 바빌론 왕국 각지에 세워졌는데, 루브르 미술관에 전시된 것이 가장 완벽하다.

기원전 722년에서 705년까지 아시리아 제국의 왕이었던 사르곤 2세는 니네베에서 북동쪽으로 15킬로미터가량 떨어진 곳에 새로운 수도 코르사바드(지금은 두르샤루킨이라고 부르며, 이란 땅이다)를 건설했다. 하지만 사르곤 2세는 이 새로 건설한 도시에서 오래 살지 못했다. 도시가 완공되고 나서 2년 뒤에 전투하다 목숨을 잃은 것이다. 불길한 예감에 사로잡힌 그의 아들 세나세리브는 니네베를 새로운 수도로 정해 자리 잡았고,

〈인간의 머리에 날개가 달린 황소상〉, 사르곤 2세 시대(기원전 721-705년)
높이 4.2m 너비 4m, 리슐리외관 1층 229번 전시실

버려진 코르사바드는 얼마 지나지 않아 모래로 뒤덮여 땅속으로 사라져 잊혔다.

그로부터 2500년도 더 지난 1842년. 모술에 프랑스 영사관이 문을 열었고, 초대 영사로 폴-에밀 보타(1802-1870)가 부임했다. 1843년, 외교관이지만 동양 세계에 조예가 깊었던 그는 고대도시 니네베의 잔해가 모래 속에 묻혀 있다는 사실을 알고 있었다. 이 당시만 해도 아시리아 문명은 히브라이어 성경과 몇 가지 고대 문헌을 통해서만 알려져 있을 뿐 이 문명을 기록한 설형문자는 여전히 해독되지 않고 있었다.

보타는 처음에 모술의 강 건너편에 있는 텔(고대 건축의 잔존물이 누적되어 생기는 언덕을 텔이라고 부른다)을 파헤쳤다. 하지만 별다른 성과가 없었다. 1844년 10월, 그는 자금 부족으로 인해 코르사바드 유적 발굴을 중단해야만 했다. 그러자 그는 가장 잘 보존되어 있고 예술적 가치가 가장 높은 조각들을 골라 프랑스로 보냈다. 이 고대 유물에는 두 마리의 날개 달린 황소가 포함되어 있었다. 그런데 이 유물들이 어찌나 무거웠던지 (전부 다 합쳐서 30톤이나 나갔다) 다섯 조각이나 여섯 조각으로 잘라서 수송해야만 했다. 하지만 수송 조건은 사르곤 2세 이후로 거의 나아진 게 없어서 가라앉지 않도록 공기로 부풀린 수백 개의 동물 가죽 부대를 매단 뗏목을 이용해야만 했다. 이 유물들은 온갖 우여곡절 끝에 3년 뒤 프랑스에 도착하여 세계 최초의 '아시리아 박물관'이 되었다.

처음으로 이루어진 이 메소포타미아 문명 유적 발굴은 큰 반향을 불러일으켰다. 그렇지만 보타는 왕궁 일부만을 발굴했을 뿐이었다. 그리하여 영국과 프랑스 간의 고고학 전쟁이 시작되었다. 영국은 저명한 고고학자 레야드와 롤린슨을 님루드에 이어 니네베에 파견했고, 프랑스는 1851년 빅토르 플라스(1818-1875)를 모술 주재 영사로 임명하여 코르사바드 발굴을 재개하도록 했다. 다시 왕궁 발굴 작업을 시작한 그는 보타가 발굴해 낸 것 말고도 186개의 방을 발굴하고, 이 도시를 둘러싼 성벽과 여기에 뚫려 있는 거대한 7개의 성문에도 관심을 가졌다. 그는 이렇게 발굴한 유물들을 235개의 상자에 담아 배에 실었다. 그러나 이 상자들은 모술에서 바쏘라로 옮겨지는 과정에서 베두인족의 공격을 받아 강 속으로 침몰하고, 그 중 26개만 1856년 7월 프랑스에 도착했다.

인간의 얼굴에 몸통은 황소이고 독수리 날개가 달린 거대한 석상들이 이 도시의 왕궁으로 들어가는 7개의 문을 지키고 있었다. 단 한 덩어리의 백 대리석에 세밀하게(쓰고 있는 왕관의 깃털 장식과 총총히 박혀 있는 별 무늬, 작은 고리 모양의 털실처럼 생긴 수염을 보라) 조각된 이 황소들은 높이 4.2미터, 너비 4미터에 무게가 무려 30톤이나 나가서 보는 사람에게 위압감을 불러일으킨다. 온화하고 차분한 미소를 띠고 있는 이 입상은 이 도시를 악의 세력으로부터 보호해 주는 수호신이기도 했고, 또 한편으로는 육중한 궁륭을 받쳐주는 건축학적 기능도 가지고 있었다. 이 황소들을 정면에서 보면 영원히 멈추어 있는 듯 부동의 자세다. 하지만 옆에서 보면 다리가 네 개가 아니라 다섯 개. 금방이라도 힘차게 앞으로 달려나갈 것 같다.

한 개의 돌로 만든 가장 큰 스핑크스상

파라오는 기원전 3000년경에 출현한 이집트의 강력한 왕이다. 이집트인들은 파라오가 이 세상이 시작될

〈타니스 스핑크스상〉, 기원전 26세기 추정
183×480×154cm, 쉴리관 338번 전시실

때부터 이집트를 다스린 오시리스와 호루스 신의 후
계자라고 생각했다. 말하자면 파라오는 살아 있는 신
인 것이다. 스핑크스는 파라오의 힘과 권력을 상징하
는 사람 얼굴에 사자의 몸통을 가진 창조물이다. 흔히
파라오가 묻힌 피라미드 입구에 서 있으면서 피라미
드를 보호한다.

　　〈타니스 스핑크스상〉Sphinx de Tanis은 한 개의 돌로
만든 스핑크스상 중에서 가장 크고 아름답다. 게다가
거의 훼손되지 않았다. 이 스핑크스상은 오랫동안 중기
제국의 파라오인 아메넴하트 2세(기원전 1898-1866년)의
것으로 생각되었다. 일반적으로 파라오의 이름은 스

핑크스상의 가슴팍에 새기는 것이 관례인데, 이 파라오의 이름은 오른쪽 뒷다리에 새겨져 있었다. 하지만 그의 이름은 거의 지워지고 대신 다른 세 파라오의 이름이 새겨져 있다. 아마도 그의 뒤를 이어받은 파라오들이 아메넴하트 2세의 이름을 지우고 대신 자기 이름을 새겨 넣었을 거로 추측된다. 그렇다면 아메넴하트 2세 이전에 이집트를 다스렸던 파라오들의 이름도 지워졌을 가능성이 있다. 그래서 일부 고고학자들은 이 스핑크스상의 연대를 기원전 2620년에서 2590년까지 끌어올리기도 한다.

스핑크스가 사자 몸통을 하는 것은 파라오가 강력한 힘을 가지고 있다는 것을, 모자를 쓰고 있는 것은 이집트 전역을 지배한다는 것을 뜻한다. 또 파라오는 대규모 종교 행사가 벌어질 때 가짜 수염을 붙이고 사람들 앞에 나타나는데, 이것은 그가 신이라는 것, 즉 불멸의 존재를 상징한다. 이 스핑크스상은 이집트 북부 나일강 삼각주에 있는 고대이집트 도시 타니스에서 발견되어 〈타니스 스핑크스상〉이라고 불린다.

이 〈미라〉는 프톨레마이오스 왕조 시대의 것으로, 30대 남자로 추정된다. 이집트의 종교에서 아누비스 신(자칼의 얼굴)이 오시리스 신의 시신이 부패하는 것을 막기 위해 아마 천으로 만든 작은 붕대로 감았던 것

〈미라〉, 기원전 332-330년, 드농관 지하 1층 183번 전시실

이 미라의 시작이다. 이집트 초기 왕조(기원전 3100년경)부터 시작된 미라화化 기술은 신왕국 때까지 계속해서 개선되었다. 그러나 미라화는 일부 사회계급에 대해서만 이루어졌고, 가난한 사람들이 죽으면 그냥 거적에 돌돌 말아서 사막에 묻었다.

그리스 역사가 헤로도토스는 기원전 650년경에 미라 의식이 어떻게 진행되었는지를 우리에게 알려준다.

사제가 성수를 뿌려 씻긴 다음 면도를 한다. 뇌와 내장을 끄집어내어 호루스의 네 아들의 모습을 본뜬 장례용 단지에 넣는다. 다만 심장은 사고할 수 있다고 생각해서 미라 속에 간직되었다. 몸을 완전히 말리기 위해 소금에 절이는데, 보통은

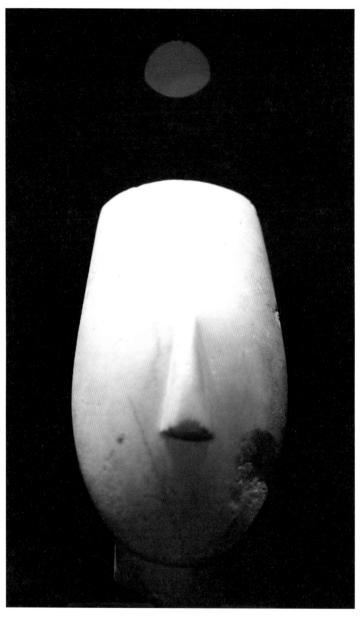

〈여성상의 얼굴〉, 기원전 2700~2300년, 드농관 지하 1층 170번 전시실

몇 주일, 길게는 70일까지 걸렸다. 몸에 방향제를 바른다. 가발을 씌우고 보석으로 치장하는데, 지위가 높을수록 더 화려하게 치장한다. 몸을 붕대로 감으면서 중간중간에 부적을 집어넣는다. 얼굴에 가면을 씌우고 관 속에 안치한다.

이 〈여성상의 얼굴〉Tête d'idole aux bras croisés은 지금으로부터 거의 5천 년 전에 그리스 에게해의 키클라데스 제도에서 조각되었다. 이 시대의 키클라데스 제도는 예술 활동의 중심지였으며, 이 조각상은 그 같은 사실을 가장 잘 보여주는 증거다. 발견되었을 당시 1미터 50센티미터가량의 크기에 벌거벗고 두 팔을 가슴에 모으고 다리를 붙이고 있는 모습이었는데, 이것은 고대 그리스 조각품들이 취하고 있는 전형적인 자세다. 원래는 이 얼굴에 색칠이 되어 있어서 눈과 입이 구분되었지만, 세월이 지나면서 지워졌다. 사진에는 안 보이지만 귀도 붙어 있다.

그렇다면 '우상'이라고 잘못 이름 붙여진 이 조각상은 무슨 용도였을까? 다산의 여신으로 아이를 낳는 모습이라고도 하고 죽은 자들을 보호해 주는 여신이라고도 하지만, 확실하지는 않다. 이 순화된 기하학적 형태는 20세기 들어 브랑쿠시나 피카소, 모딜리아니, 자코메티에 의해 추상적인 형태의 예술로 되살아날 것이다. 단순한 것은 아름답다.

빅토르 위고

『레미제라블』의 현장을 찾아서

장발장이 『레미제라블』 1권에서 마들렌으로 이름을 바꾸고 시장 자리에까지 오르는 몽트뢰이유 쉬르 메르는 파리에서 북쪽으로 230킬로미터가량 떨어진 도시다. 비록 빅토르 위고(1802-1885)는 1837년 9월 연인인 쥘리에트 드루에와 함께 북부 프랑스를 여행하다가 여기에 들러 한나절밖에 머무르지 않았지만, 그가 쓴 『레미제라블』은 이 도시 주민들이 매년 여름에 벌이는 레미제라블 축제 덕분에 이곳에 영원히 자리 잡았다.

『레미제라블』에서 팡틴은 몽트뢰이유 쉬르 메르로 일자리를 찾으러 가다가 파리 동쪽의 작은 마을, 몽페르메이에 있는 테르나디에 여인숙에 세 살짜리 딸 코제트를 맡긴다. 장발장이 팡틴의 부탁으로 코제트를 데리러 갔다가 한밤중에 그녀를 만난 이 마을의 어두운 숲속에는 실제로 1865년에 장발장 샘(작품에서는 뷔송 샘)이 만들어졌다. 지금은 파리 북부의 여러 도시처럼 슬럼가로 변해 높은 실업률과 범죄율이라는 고질적 문제에 시달리는 이곳에서 테르나디에 여인숙의 흔적을 찾아내는 것은 불가능하다. 그러나 상팽 풍차

방앗간에서 봉디 숲까지 이어져 있는 코제트의 길을 천천히 걸으며 그때의 분위기를 잠시나마 상상해 볼 수는 있을 것이다. 위고는 1845년 9월, 이 도시에 들렀다가 2주일 뒤에 『레미제라블』을 쓰기 시작했다.

파리에서 『레미제라블』의 시대적 배경인 1820년대와 1830년대의 흔적을 찾아낸다는 것은 쉬운 일이 아니다. 특히 이 작품의 클라이맥스라고 할 수 있는 1832년 6월 민중혁명의 주요 무대인 센강 북쪽의 보부르 구역은 1850년대부터 '레 알'이라고 불리는 농산물 시장이 들어선 데다가 1970년대 들어 퐁피두센터까지 세워지면서 모습이 크게 바뀌었다.

『레미제라블』2권에서 마리우스가 장발장과 함께 산책하는 코제트를 보고 한눈에 반한 곳은 라탱 가에 자리한 뤽상부르 공원이다. 지금도 이 공원에서는 많은 연인이 찾아와 사랑을 나누고 있어 작품 속의 분위기를 느끼기에 안성맞춤이다. 역시 2권에서 장발장은 자베르와 맞닥뜨리자 코제트를 데리고 도망치다가 담장을 넘는데, 그곳은 수녀원이었다. 그리고 그가 이전에 구해 준 포슐르방이 수녀원의 정원사로 있었던 덕분에 코제트에게는 수녀 교육을 시키고 자기는 포슐르방의 동생으로 신분을 꾸며 숨어 살게 되는데, 작품에서 이 수녀원은 픽푸스 거리 62번지에 있는 것으로 나온다. 그러나 『레미제라블』 연구자들에 따르면, 이 수녀원의 실제 모델은 지금의 팡테옹 남쪽 로몽 거리 32번지에 있었던 생토르 수녀원이라고 한다. 지금은 존재하지 않는다.

1832년 6월 5일(1832년 6월 혁명의 첫날), 마리우스는 플리뭬 거리•를 나서 샹브르리 거리에 설치된 바리케이드로 간다. 그리고 장발장 덕분에 이 거리에서 살아나온다. 나중에 그는 아내가 된 코제트와 함께 앞서 언급한 레 피으-뒤-칼베르 거리에서 살게 될 것이다.

센강을 건너 파리 동쪽의 바스티유 광장에서 멀지 않은 레 피으-뒤-칼베르 거리 6번지에서는 마리우스 퐁메르시의 할아버지인 부유한 부르주아 질노르망이 살았다. 아버지가 워털루 전투에서 전사한 대학생 마리우스는 민중들이 처한 비참한 현실을 발견하고 사회주의 사상에 빠져든다.

이 거리에서 서쪽으로 걸어 10분도 채 걸리지 않는 파리 동부 마레 지구의 보주 광장으로 가보자. 위고 가족은 1832년 6월 혁명의 열기가 사라지고 난 같은 해 10월, 이 광장 6번지로 이사했다. 그리고 여기

• 『레미제라블』에서 마리우스와 코제트가 사랑을 나누는 장소인 플뤼메 거리도 센강 남쪽에 있는데, 작품 속의 플뤼메 거리는 지금의 플뤼메 거리가 아니라 실제로는 센강 남쪽 14구에 있는 우디노 거리다. 그리고 1829년 말에 장발장과 코제트가 자리 잡은 곳도 같은 장소다.

서 1845년에서 1862년 사이에 『레미제라블』이 탄생할 것이다.

보주 광장 왼쪽으로 바로 옆에 붙어 있는 세비네 거리 11번지에는 코제트의 후견인이라고 자처하는 테나르디에가 살인미수 혐의로 자베르에게 체포되어 갇혀 있다가 탈출한 라 포르스 감옥의 외벽이 있었다. 이제는 그 흔적을 찾기 힘든 이 벽에는 순찰로가 있었다고 한다. 그리고 이 길 건너편의 파베 거리 24번지에 가면 지금은 도서관으로 쓰이는 라미뇽 저택이 있는데, 이 저택 오른쪽 벽면이 바로 라 포르스 감옥의 담이었다.

세비네 거리 11번지에서 남쪽으로 눈을 돌리면 최근 보수공사를 마쳐 눈에 한층 더 잘 띄는 생폴 생루이 성당이 보인다. 바로 여기서 1833년 2월 16일에 코제트와 마리우스가 결혼식을 올린다. 위고가 가

위고가 생폴 생루이 성당에 기증한 성수반

장 사랑했던 큰딸 레오폴딘도 여기서 실제로 1843년 2월 15일에 샤를 박크리와 결혼식을 올린다. 이 성당 안에 들어가 보면 위고가 딸의 결혼식을 기념하는 뜻에서 기증한 성수반 두 개가 아직도 매달려 있다.

1832년 6월 1일, 라마르크 장군이 같은 해 2월부터 파리에 잠복하며 2만 명이나 되는 시민의 목숨을 앗아간 콜레라로 죽음을 맞이했다. 하층민들에게 온건했고 루이-필리프에게 맞섬으로써 프랑스 국민에게 인기가 많았던 그의 장례 행렬은 6월 5일 아침 정오가 가까워질 무렵 포부르 생토노레 거리에 있는 그의 집을 떠나 장지인 랑드로 향하기 위해 파리 시내를 한 바퀴 돌았다. 행렬이 바스티유 광장을 지나, 오후 2시쯤 지금의 오스테를리츠 기차역으로 이어지는 다리 초입에 다다랐다. 바로 그때 그 근처의 앙리 4세 대로에 자리 잡고 있던 용기병 부대 건물에서 병사들이 갑자기 튀어나왔고, 잠시 후 근처 부르동 대로 쪽에서 총소리가 들려왔다. 시위자들은 흥분했고, 또 다른 용기병들이 부대에서 쏟아져 나와 군중들에게 발포하자 시위는 한층 더 격렬해졌다. 그러자 용기병들은 바스티유 광장 근처에 있는 라 스리제 거리와 르 프티-뮈스크 거리로 일단 후퇴했다.

같은 날 밤, 시위자들이 파리의 주요 지역을 점거

했다. 군과 공화주의자들은 어느 쪽에 줄을 서야 할지 아직 결정을 못 내리고 있었다. 군은 국민방위군이 어떤 입장을 취할지 기다리고 있는 것 같았다. 그러나 국민방위군은 결국 권력의 편으로 돌아섰다. 그리하여 1832년 6월 혁명은 1830년 혁명 당시 봉기했던 국민방위군의 부르주아들에 의해 피로 물들게 되었다.

6월 5일 저녁, 두 개의 바리케이드가 혁명군에 의해 보부르 동네에 세워졌다. 하나는 생마르탱 거리와 생-메리 거리가 만나는 지점에, 또 하나는 생마르탱 거리와 생모뷔에 거리가 만나는 지점에 세워졌다. 이두 개의 바리케이드는 생마르탱 거리 30번지에 자리잡은 혁명군 사령부를 보호하기 위해 세워졌으나 정규군과 국민방위군은 마지막으로 이 사령부를 점령하고 미처 도망치지 못한 사람들을 닥치는 대로 죽였다. 그리고 1832년 6월 혁명은 이틀 만에 막을 내리면서 집단의 기억으로부터, 그리고 심지어는 이 혁명의 주역들을 '길 잃은 형제들'이라고 부른 공화주의자들의 기억으로부터도 지워져야 할 오류로 간주되었다.

그러나 영원히 잊힐 뻔했던 이 민중혁명은 빅토르 위고의 『레미제라블』에서 생생하게 되살아난다. 1832년 6월 혁명이 발발했을 당시 코제트의 보호자인 장발장은 그녀와 함께 롬 아르메 거리 7번지에 살

고 있었는데, 실제로는 존재하지 않는 롬 아르메 거리
는 지금의 라 브르리 거리에서 50미터가량 북쪽으로
가면 나타나는 레 자르시브 거리 40번지와 일치한다.
장발장은 이웃 사람들이나 경찰이 수상쩍게 생각하지
않도록 센강 남쪽의 플뤼메 거리와 우웨스트 거리, 그
리고 롬 아르메 거리 세 곳에 동시에 집을 빌렸다.

1832년 당시만 해도 레 알 지하철역의 랑뷔토 거
리 쪽 출구와 몽데투르 거리 쪽 출구 사이에는 『레미
제라블』 덕분에 유명해진 〈ABC의 벗〉 멤버들의 모임
장소 코랭트 술집이 있었다. 빅토르 위고는 『레미제라
블』에서 이 술집 주변에 라 샹브르리 거리의 바리케이
드 두 개를 상상해 세운다.

생드니 거리에서 라 샹브르리 거리로 들어서는 행인은 마치
좁은 깔때기 속으로 들어가는 것처럼 이 거리가 조금씩 좁아
지는 것을 볼 수 있었다. 무척 짧은 이 거리 끝까지 가보면 그
는 죽 늘어선 높은 집들로 막혀 있는 시장 쪽 통로를 발견한
다. 만일 좌우에 긴 구덩이 같은 게 있어서 그리로 빠져나갈
수 없다면 자기가 지금 막다른 골목에 와 있다고 생각할지도
모른다. 이것이 몽데투르 거리다. 이 거리는 한쪽은 레 프레
쇠르 거리로, 또 한쪽은 르 시느 거리와 라 프티트-트뤼앙드
리 거리로 이어진다.
이 일종의 막다른 골목 안쪽, 오른쪽 구덩이와 만나는 모퉁이

에 다른 집들보다 낮고 꼭 무슨 곶처럼 길거리로 삐죽 나와 있는 집이 한 채 있었다. 높이가 낮아서 2층밖에 안 되는 이 집에 300년 전부터 유명한 술집이 자리 잡고 있었다. … 두 개의 바리케이드가 동시에 세워졌다. 둘 다 코랭트 술집에 기대어져 있으며 직각을 이루고 있었다. 큰 바리케이드는 라 샹브르리 거리를 봉쇄했고, 다른 바리케이드는 르 시뉴 거리로 이어지는 몽데투르 거리를 봉쇄했다.

_『레미제라블』제4권 12부 중에서

1789년 프랑스 혁명의 현장인 센강 북쪽의 바스티유 광장 한가운데에는 1812년서부터 1840년대까지 나무와 석고로 만든 높이 24미터의 코끼리 상이 버티고 서 있었다. 원래 나폴레옹은 이 코끼리 상을 대리석으로 만들어 프랑스 국민의 힘과 위대함을 보여주는 상징으로 삼으려 했으나 돈이 없어 포기하고 말았다. 빅토르 위고는 이 코끼리 상 안에서 사는 한 소년을 우연히 보고『레미제라블』에 등장하는 가브로슈의 캐릭터를 상상해냈다.

1832년 6월 5일, 마리우스는 이 가브로슈가 위험에서 벗어나게 하도록 그에게 쪽지를 주고 롬 아르메 거리로 가서 코제트에게 전해달라고 부탁한다. 그러나 코제트가 아닌 장발장에게 쪽지를 전해주고 난 가브로슈는 르 숌프 거리(현재의 랑뷔토 거리와 오드리에트 거리 사이에 있는 레 자르시브 거리 일부)와 레 비에이으-오드리에트 거리(지금의 레조드리에트 거리), 레 장팡 루즈 거리(지금의 파스투렐 거리와 포르트프앵 거리 사이에 있는 레자르시브 거리의 일부)를 지나 라 샹브르리 거리에 설치된 바리케이드로 다시 돌아간다. 하지만 가브로슈는 바리케이드 앞에서 총탄을 줍다가 진압군의 총에 맞아 세상을 떠난다. 그리고 바리케이드가 세워진 거리에 사는 주민들이 혁명군을 외면하면서 1832년 6월 혁명은 역사의 뒤로 사라져갔다.

장발장이 바리케이드를 사수하다 총에 맞은 마리우스를 데리고 필사적으로 도망쳤던 하수도는 에펠탑 근처의 알마-마르소 옆에 박물관이 있어 그 긴박한 상황을 몸으로 직접 느껴볼 수 있다. 1832년 6월 혁명이 이렇게 실패로 끝나고 나서 자베르는 노트르담 다리의 센강 우안 모퉁이에서 센강으로 몸을 날려 스스로 목숨을 끊는다. 그는 거의 평생 장발장을 쫓다가 결국 6월 5일 혁명을 일으킨 민중들이 바리케이드를 쌓고 최후의 저항을 벌이던 라 샹브르리 거리까지 그를 잡으러 갔었다. 하지만 혁명군에게 발각되어 처형될 뻔했으나 장발장은 그를 한쪽으로 데려가 놓아주고, 자베르는 회한에 휩싸여 장발장 추격을 포기하고 세상을 하직한다.

쥘리에트 드루에의 초상화

파리의 보주 광장에는 빅토르 위고가 1832년에서 1848년까지 16년 동안 살았던 집이 있다. 이 집은 이어지는 여섯 개의 방으로 이루어져 있다.

첫 번째 방에서는 그림과 자료를 통해 위고의 젊은 시절에서부터 아델 푸세와의 결혼까지를 볼 수 있고, 붉은 방이라고 불리는 두 번째 방에서는 이 집에서 그가 어떻게 살았는지 볼 수 있다. 이 방에는 다비드 당제르가 조각한 그의 흉상, 열아홉의 나이에 세상을 떠난 그의 큰딸 레오폴딘과 죽을 때까지 그의 곁을 떠나지 않은 연인 쥘리에트 드루에의 초상화가 전시되어 있다.

세 번째 방인 중국 살롱과 연이어지는 방들은 그가 망명기(1852-1870)에 영국의 건지섬에서 머물렀던 오트빌 하우스의 방들을 재현해 놓았다. 중국 살롱은 드루에가 오트빌 페어리에서 머물렀던 방의 가구들로 이루어져 있다. 이 방에서는 빅토르 위고의 이니셜 V.H와 쥘리에트 드루에의 이니셜 J.D를 볼 수 있다.

여섯 번째 방에는 그가 1870년 망명 생활을 끝내고 파리로 돌아와 살았던 에일로 거리의 방이 재현되어 있고, 이 방에서는 레옹 보나가 그린 위고의 유명한 초상화를 볼 수 있다. 맨 마지막 방은 그가 숨을 거둔 에일로 거리의 방이다.

제5장

조금 더 사적인 공간으로

:: 모네의 평화로운 명상 속으로
　오랑주리 미술관

클로드 모네, 〈수련〉 연작, 1917-1929년

희망과 평화의 메시지가 담긴
〈수련〉 연작

전시실에 들어서는 순간, 시간이 멈추어 서는 듯하다. 추상에 가깝게 흰색과 분홍색으로 점점이 그려진 수련들이 수면 위에서 흔들린다. 푸르스름한 물이 연한 색 하늘과 구름, 황혼빛을 차례로 반사하며 우리를 감싼다. 모네의 〈수련〉 연작은 빛과 대기가 변화함에 따라 느껴지는 주관적 느낌을 포착하여 즉시 화폭에 옮긴다는 인상파 미학을 매우 충실히 구현한 작품이다.

오랑주리 미술관 건물은 원래 겨울에 튈르리 공원의 오렌지 나무 화분을 넣어두는 장소였다. 모네는 국가에 기증하겠다고 약속했던 〈수련〉 연작을 이곳에 전시하면 좋겠다고 생각했다. 그의 친구이자 국무회의 의장이었던 정치인 조르주 클레망소가 오랫동안 노력한 끝에 이제 우리는 이 걸작을 달걀 모양으로 생긴 두 개의 방에서 볼 수 있게 되었다.

클레망소는 지베르니로 자주 모네를 찾아가 백내장을 앓고 있던 이 인상파 회화의 완성자가 〈수련〉 연작을 잘 마무리하도록 격려하는 한편 전시 공간이 이 작품에 최적화될 수 있게끔 건물을 개조하게 하려고 프랑스 정부와 협상을 벌였다. 그리하여 모네가 세상을 떠나고 나서 6개월 뒤인 1927년 6월, 클레망소가 참석한 가운데 〈수련〉 연작이 새로 단장한 이 미술관에 자리를 잡게 되었다.

원형으로 전시된 이 작품들은 높이가 2미터, 길이가 6미터에서 17미터에 달하며, 전체 면적이 200제곱미터나 된다. 모네는 관람객이 '평화로운 명상'에 빠지도록 이 작품들을 그렸다고 말했다. 수많은 사람이 학살당한 1차 세계대전이 끝나고 나서 인류에게 희망과 평화의 메시지를 전하고 싶었던 그는 인간이 일절 등장하지 않는 시적 자연을 이렇게 그려낸 것이다. 〈수련〉 연작은 그의 예술적 유언이며 평화에 대한 찬가다.

가장 화려한 유럽의 회화, 장 발테르-폴 귀욤 컬렉션

오랑주리 미술관 지하층에 전시된 '장 발테르-폴 귀욤 컬렉션'은 유럽의 회화작품 컬렉션 중에서 가장 화려하다. 이 컬렉션은 1860년대에서 1930년대까지의 작품 140점으로 이루어져 있다. 이 작품들의 수집은 혜안을 가진 젊은 화상 폴 귀욤(1891-1934)에 의해 시작되고, 유명한 건축가이자 사업가인 장 발터와 재혼한 그의 미망인에 의해 계속되었다.

맹장염을 제대로 치료하지 않아 42세의 나이로 세

아메데오 모딜리아니, 〈폴 귀욤의 초상화〉, 1915년, 105×75cm

상을 떠날 때까지 폴 귀욤은 인상파에서 현대미술에 이르는 수백 점의 작품을 모았는데, 특히 아프리카 미술품을 처음으로 널리 알림으로써 20세기 예술에 큰 변화를 불러일으키고 새로운 시각을 제공하였다.

젊었을 때 몽마르트르에 있는 한 자동차 정비소에서 일하던 폴 기욤은 1911년에 타이어를 만드는 데 쓰이는 고무 화물 속에 섞여 있던 가봉의 작은 상像들을 전시했다. 이를 계기로 그는 아프리카 원시미술에 열렬한 관심을 보이던 시인 귀욤 아폴리네르를 알게 된다. 그리고 그 당시《레 스와레 드 파리》라는 잡지의 편집장이었던 아폴리네르는 그를 자신의 예술가 그룹에 끌어들였다.

폴 귀욤은 얼마 지나지 않아 이 분야에서 가장 영향력 있는 인물이 되었다. 아폴리네르의 중개인이 된 그는 1914년 아프리카 흑인들이 조각한 예술품 18점을 뉴욕으로 보내 최초의 흑인예술 전시회인 '나무 조각상들, 현대예술의 뿌리전'을 열었다. 또 1914년부터는 비유콜롱비에 극장에서 조르조 데 키리코의 형이상학적 작품을 전시하여 큰 화제를 모았다. 그는 그이후로 아마데오 모딜리아니와 카임 수틴, 드랭, 피카소, 마티스, 반 동겐 등 인상파, 후기인상파, 신인상파, 그리고 20세기 초반 현대미술 작가들의 작품을 수집하여 파리의 미로메닐 거리에 있는 자신의 갤러리에 전시하였다.

1920년 그는 야심에 가득 찬 아름다운 여성 쥘리에트 라카즈(1898-1977)와 결혼하여 그녀에게 도메니카라는 새 이름을 붙여주었고, 미국의 부유한 미술품 수집가인 앨버트 반즈의 조언자이자 화상이 되었다. 유럽뿐만 아니라 미국에까지 널리 알려질 정도로 유명해지고 부유해진 그는 미술관 설립 계획을 추진하다 숨을 거두었다.

폴 귀욤이 죽고 난 뒤 건축가 장 발터와 재혼한 도메니카는 폴 귀욤이 수집한 작품들의 숫자를 줄이는 한편 구성도 바꾸었다. 즉 피카소의 입체파 작품들을 팔고 인상파 화가들의 작품을 대거 사들인 것이다.

지금은 국가에 기증된 이 컬렉션은 인상파 화가들의 경우 르누아르와 세잔, 고갱, 모네, 시슬리의 작품으로 이루어져 있으며, 그 이후의 시기에 활동한 작가들의 경우 피카소의 작품 12점, 마티스의 작품 10점, 모딜리아니의 작품 5점, 마리 로랑생의 작품 5점, 두아니에 루소의 작품 9점, 드랭의 작품 29점, 유트릴로의 작품 10점, 수틴의 작품 22점, 반 동겐의 작품 1점을 포함하고 있다.

'장 발테르-폴 귀욤 컬렉션'에 포함된 르누아르의 작품들(26점)은 그가 인물을 그리기를 좋아했다는 사실을 잘 보여준다. 이 인물들은 모두 자연스럽고 친숙

오귀스트 르누아르
〈피아노 치는 소녀들〉
1892년경, 116×81cm

오귀스트 르누아르
〈가브리엘과 장〉
1895-1896년, 65×54cm

한 모습으로 그려져 있다.

　　오랑주리 미술관은 폴 세잔의 작품을 15점 소장하고 있다. 폴 귀욤은 1895년 열린 세잔의 전시회 때 그의 작품을 보고 〈세잔 부인〉Portrait de Madame Cézanne을 포함한 여러 점을 사들였다. 그러나 지금 '장 발테르-폴 귀욤 컬렉션'을 구성하고 있는 세잔의 작품을 주로 사들인 사람은 폴 귀욤의 미망인 도메니카다. 그녀는 〈사과와 비스킷〉Pommes et biscuits을 그 당시로써는 어마어마한 금액인 3300만 프랑에 낙찰받아 큰 화제를 불러 일으켰다.

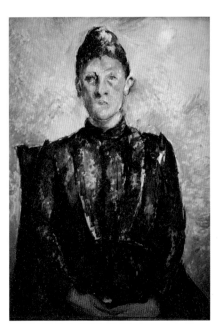

폴 세잔, 〈세잔 부인〉
1885-1895년 사이, 81×65cm

폴 세잔, 〈사과와 비스킷〉
1880년, 45×55cm

나는 왜 파리를 사랑하는가

날 것의 아름다움을 표현한
카임 수틴

리투아니아의 가난한 유대인 가정에서 태어난 카임 수틴(1893-1943)은 그림 공부를 하고 싶었지만 돈이 없었다. 인간이나 동물의 모습을 그리는 것이 금지된 유대교의 전통을 어기고 한 남자의 초상화를 그려주었다가 이 남자의 아들에게 죽도록 얻어맞고, 그 맷값을 받아 그림을 배우게 된다.

그는 화가가 되려고 온 파리에서도 가난을 벗어나지 못했고, 여러 번이나 자살을 시도했으나 그때마다 그림 공부를 하기 위해 고향에서 같이 온 친구에게 발견되곤 했다.

그는 열 살 많은 화가 모딜리아니를 멘토로 삼았다. 그러나 그토록 의지했던 모딜리아니가 1920년에 죽자 절망에 빠져 식음을 전폐한 채 술만 마시는 바람에 지병인 위궤양이 점점 더 악화된다. 그러다 불행 중 다행으로 미국의 수집가 앨버트 반즈가 우연히 그의 그림을 보고 60여 점을 사들이면서 그는 경제적 여유도 생기고 화가로서의 명성도 얻게 된다.

1927년에는 첫 개인전이 열렸으나, 이런 종류의 행사를 좋아하지 않았던 그는 아예 개막식에 나타나지 않았다.

카임 수틴, 〈소와 송아지 머리〉
1925년경, 92×73cm

2차대전이 일어나자 유대인인 수틴은 계속 쫓겨 다니게 되고, 그 바람에 지병인 위궤양이 심해졌다. 제때 손을 쓰지 못하는 바람에 1943년 파리에서 숨을 거둔 그의 유해는 피카소가 뒤를 따르는 가운데 파리 몽파르나스 묘지에 묻혔다.

수틴은 가죽을 벗긴 동물이라는 소재에 매혹되어 특히 1925년에 여러 차례 그렸으며, 오랑주리 미술관에서 볼 수 있는 〈소와 송아지 머리〉Bœuf et tête de veau 도 그중 하나다. 이 당시 그의 아틀리에에는 몽파르나스에서 멀지 않은 곳에 있었는데, 그는 여기에 가죽을 벗긴 동물들을 가져다 놓고 직접 보면서 그렸다. 그가 이 소재에 이끌린 것은 어린 시절 그에게 트라우마를 남긴 기억 때문이다. "한 번은 정육점 주인이 거위의 목을 자르고 피를 빼내는 걸 본 적이 있다. 나는 고함을 지르려고 했지만, 그가 즐거워하는 모습을 보자 소리가 목구멍에 걸려 나오지 않았다." 그리고 나중에 그는 이렇게 덧붙인다. "가죽 벗긴 소를 그릴 때 또 소리를 지르고 싶었지만, 이번에도 역시 소리는 나오지 않았다."

가죽을 벗긴 소의 몸뚱이가 그림 대부분을 차지하고 있고, 옆에는 송아지 머리가 갈고리에 매달려 있다. 피로 뒤덮인 노란색과 붉은색 살덩어리가 어두운 단색 배경 위에 드러나 있어서 눈에 한층 더 잘 띈다. 수틴이 이 소재를 그린 것은 렘브란트의 영향이 크다. 이 네덜란드 화가를 존경했던 그는 루브르 미술관에 걸려 있는 그의 작품 중에서도 특히 〈가죽 벗긴 소〉Le Boeuf écorché에 매혹되었다.

그러나 그가 렘브란트의 이 작품을 관찰한 이유는 그것을 복제하기 위해서가 아니라 해석하기 위해서였고, 이 작품을 토대로 자기 자신의 그림을 그리기 위해서였다. 가죽을 벗긴 소를 아틀리에에 가져다 놓고 밑그림도 그리지 않은 채 곧장 여러 장 그린 작품

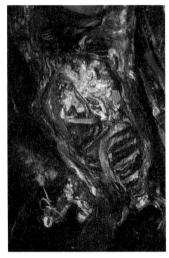

렘브란트, 〈가죽 벗긴 소〉, 1655년
95.5×68.8cm, 루브르 미술관

카임 수틴, 〈가죽 벗긴 소〉
1925년, 92×73cm
그르노블 미술관

중에서 프랑스의 그르노블 미술관에 있는 〈가죽 벗긴 소〉가 가장 크고 완성도도 높다.

선명한 붉은색을 띤 수틴의 〈가죽을 벗긴 소〉는 날 것의 아름다움을 가감 없이 보여준다. 가장 어두운 검은색 위에서 꿈틀거리는 듯한 소의 붉은 살덩어리는 비극적이고 처연하다. 도살의 잔혹함이, 살의 고통이, 갑작스러운 죽음의 폭력이 온몸에 느껴진다.

소박파 앙리 루소

20세기 초의 루소 숭배는 작위적이고 무의미한 회화의 모든 기교주의와 모든 거짓, 모든 기계적 표현에 대한 반발의 표시라 할 수 있을 것이다.

_ 아돌프 바레르, 1926년

루소(1844-1910)의 대표작이라 할 수 있는 〈전쟁〉과 〈M 부인의 초상화〉(1896년경), 〈뱀을 부리는 여인〉(1907년) 같은 작품은 오르세 미술관 68번 전시실에서 볼 수 있다.

앙리 루소
〈인형을 들고 있는 아이〉
1907년, 67×52cm

화가였던 어머니 쉬잔 발라동의 자유분방한 연애로 자신의 아버지가 누구인지도 몰랐던 유트릴로(1883-1955). 어머니에게 사랑받지 못한 고통으로부터 그를 해방시켜 준 것은 그림이었다. 그의 작품들은 회색 하늘과 얼룩진 건물 벽의 음울한 분위기를 넘어서서 유럽의 표현주의와 연결해 주는 격렬함을 표출한다.

나는 그가 그린 외딴 길거리에서 항상 고집스러운 기다림을, 희망을, 그의 극심한 고통을 예술로 승화시키고 싶어 하는 열망을 발견한다. 이 같은 감각이 모든 것을 지배한다. 이 같은 감각이 소리도 없고 움직이지도 않는 드라마를 만들어낸다.

_ 프란시스 카르코

모리스 유트릴로, 〈몽스니 거리〉, 1914년, 76×207cm

나는 왜 파리를 사랑하는가

오랑주리 미술관에서 볼 수 있는 앙리 마티스(〈헐렁한 옷을 입고 누운 나녀〉, 1924년), 앙드레 드랭(〈단지를 앞에 놓고 앉아 있는 나녀〉, 1925년), 파블로 피카소(〈흰 모자를 쓴 여인〉, 1921년). 이 세 작가의 작품은 대부분 1920년대에 그려졌는데, 질서와 전통으로 돌아간다는 공통점을 가진다. 야수주의와 입체주의의 시대를 지나온 이들은 볼륨감과 원근감을 되찾는다. 이들에게 1920년대는 아방가르드와 전통의 화해라는 의미를 띠는 것이다.

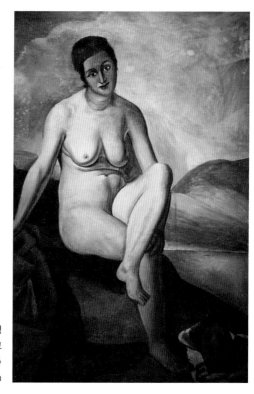

앙드레 드랭
〈단지를 앞에 놓고
앉아 있는 나녀〉
1925년, 170×131cm

:: 인간의 모든 감정 속으로
로댕 미술관

〈걷는 남자〉l'homme qui marche는 로댕이 내세우는 조형적 구성의 두 가지 특징, 즉 분리와 결합을 잘 보여준다. 이 작품의 상체는 고대 그리스 조각을 보고 만들었으며, 살아 있는 모델의 다리 조각에 결합했다. 로댕은 관람객이 이 남자의 '걷는 동작'에만 집중하도록 얼굴과 팔은 조각하지 않았다. 얼굴과 팔이 붙어 있었다면 이 남자는 무슨 일을 할까, 왜 이런 표정을 짓고 있을까, 팔은 왜 저러고 있는 것일까 등을 생각하느라 걷는 동작에는 관심을 두지 않을지 모른다.

오귀스트 로댕, 〈걷는 남자〉, 1880년, 213×161×72cm, 2층 17번 전시실

로댕 미술관 – 77 Rue de Varenne, 75007 Paris

1919년 문을 연 로댕 미술관은 파리(비롱 저택)와 뫼
동(브리앙 저택), 두 곳에 있으며, 약 6,600점의 조각과
8,000여 장의 사진, 8,000여 장의 데생, 7,000여 점
의 예술품을 소장하고 있다. 1년에 70만 명가량이 이
미술관을 찾는다. 파리의 앵발리드 거리에 있는 로댕
미술관은 비롱 저택이라고 불리는 건물에 자리 잡고
있다. 1727년에 지어진 이 저택은 비롱 대원수와 멘
공작부인 등이 살았고, 수녀원과 러시아 대사관이 들
어서기도 했다. 19세기 말에 건물이 노후화되자 장 콕
토와 앙리 마티스, 그리고 오귀스트 로댕 같은 예술가
들에게 아틀리에로 임대했다.

20세기 초, 프랑스 정부가 이 건물을 사들이자 로댕(1840-1917)은 자신의 모든 작품을 국가에 기증하기로 한다. 단 한 가지 조건이 있었는데, 비롱 저택을 자신의 이름을 딴 미술관으로 만들어 달라는 것이었다. 하지만 로댕 자신은 미술관 개관 2년 전에 세상을 떠나는 바람에 준공식에 참석하지 못했다.

건물 안에 전시된 작품을 보고 나서는 3헥타르나 되는 정원을 천천히 걸으면서 〈지옥문〉과 〈칼레의 시민들〉, 〈발자크〉, 〈우골리노〉 같은 주요 작품을 감상하면 좋다.

로댕 미술관의 3번 전시실에는 두 개의 청동 작품이 나란히 서 있는데, 이유가 있다. 왼쪽 작품은 로댕이 서른일곱 때 브뤼셀에서 처음으로 조각한 〈청동시대〉L'Âge d'airain다. 로댕은 모델이 관례적인 포즈를 취하는 것을 원치 않아 직업 모델을 쓰지 않고 자연스러운 포즈를 취하도록 스물두 살의 일반 모델을 썼다. 처음에는 오른손에 창을 쥐고 있었으나 관람객들이 오직 모델의 동작에만 집중할 수 있게 나중에 제거했다.

실물 크기의 이 작품은 강한 생동감을 불러일으켜 전시회에서 단연 인기를 끌었고, 로댕에게 명성과 부를 안겨주었다. 그런데 이 작품이 너무 생생하여 사람들은 로댕이 살아 있는 사람에게, 심지어는 죽은 사람

에게 거푸집을 씌운 게 아닐까 의심했다. 그러자 로댕
은 그다음 해에 오른쪽에 있는 〈세례 요한〉 청동 조각
을 실물보다 큰 크기로 만들어 사람들의 이 같은 생각
이 오해임을 증명해 보였다.

1891년, 프랑스 문인협회는 초대 회장 오노레 드
발자크(1799-1850)를 기리는 기념물을 로댕에게 주문
했다. 주문을 받은 로댕은 발자크의 작품을 연구하는

것은 물론이고 그의 생김새와 성격에 대해 상세히 알아보았다. 심지어는 발자크의 옷을 만든 재단사를 찾아가서 그의 치수를 꼬치꼬치 캐묻기까지 했다고 한다. 1896년 드디어 로댕은 이 조각상의 포즈를 결정했고, 1898년에는 이 조각상에 옷을 입혔다. 팔짱을 끼고 오른발을 앞으로 내밀었으며, 글을 쓸 때 입는 수도사복을 걸친 모습이었다.

이 거대한 조각상이 1898년 살롱전에 모습을 나타냈다. 그런데 관람객들이 분노하며 격렬하게 항의하는 바람에 결국은 곧바로 철거해야만 했다. 이런 일

오귀스트 로댕
〈오노레 드 발자크〉
1891-1897년, 275×121×132cm
오르세 미술관 2층

이 벌어지자 프랑스 문인협회는 팔기에르라는 조각
가에게 다시 발자크 상을 주문했다. 로댕이 죽고 나서
13년이나 지난 1930년에 발자크 상은 청동으로 주조
되었다.

큰 논란을 불러일으켰던 이 발자크 상은 지금은 로
댕의 걸작으로 인정받아 로댕 미술관 정원 말고도 오
르세 미술관, 파리의 몽파르나스 거리와 라스파이 거
리가 만나는 사거리에도 서 있다. 나는 마치 거대한
바위처럼 버티고 서 있는 이 조각상에서 느껴지는 고
집스러움이야말로 발자크가 평생 빚에 쫓기면서도 방
대한 『인간희극』을 쓰게 만든 창작의 원인이 아니었
을까 생각해 본다.

단테의 『신곡』 지옥 편을 소재로
로댕이 평생을 바친 작품

로댕은 40세가 되던 1880년, 브뤼셀에서 〈청동시대〉
를 전시하여 조각가로서 인정을 받고 이름을 알리기
시작했다. 같은 해, 프랑스 정부는 처음으로 이 작품을
사들이는 한편 그에게 불에 타 없어진 감사원 건물 자
리에 들어서게 될 장식미술관의 청동 문을 주문했다.
로댕은 단테가 쓴 『신곡』의 지옥 편에 등장하는 인물
들을 이 문에 등장시키기로 한다. 그러나 1887년 이

주문은 취소되었다. 하지만 로댕은 실망하지 않고 영원토록 지옥에서 고통받아야 하는 인간 300명을 자신의 〈지옥문〉La Porte de l'Enfer에 조각하게 될 것이다.

〈지옥문〉의 맨 꼭대기에 서 있는 세 유령은 〈유령들〉이라는 제목의 작품이다. 영혼들은 지옥의 입구에서 "여기에 들어온 당신, 모든 희망을 버릴지어다"라는 글을 가리키고 있다.

합각머리 삼각 면에 조각된 인물은 자신의 작품에

오귀스트 로댕
〈지옥문〉
1880–1917년
520×400×94cm, 정원

대해 생각하는 단테다. 이 작품은 처음에는 '시인'이
라고 불리다가 나중에 〈생각하는 사람〉Le Penseur으로
다시 이름 붙여졌다. 로댕이 〈지옥문〉에서 떼어낸 동
명의 독립적인 작품으로 만든 〈생각하는 사람〉은 전
세계에서 가장 유명한 조각 작품이 되었다.

이탈리아 라벤나 가문의 딸인 프란체스카는 리미

오귀스트 로댕
〈생각하는 사람〉
1903년
189×98×140cm
정원

니 명문의 큰아들 조반니와 정략결혼을 한다. 그런데 결혼하고 보니 조반니는 절름발이였다. 딸 하나 아들 하나를 낳았지만, 애정 없는 결혼 생활을 하던 프란체스카는 8년 뒤에 전쟁을 마치고 돌아온 시동생 파올로와 사랑에 빠진다. 단둘이 책을 읽다가 자신들도 모르는 사이에 입을 맞추는 파올로와 프란체스카, 그 순간 집에 돌아온 조반니는 그들을 칼로 찔러 죽이고, 두 사람은 불륜을 저질렀으므로 지옥에 떨어진다.

단테는 두 사람이 지옥으로 떨어지는 모습을 『신곡』에 글로 기록했고, 로댕은 〈지옥문〉에 조각하여 그들을 저주받은 세기의 연인으로 만들었다. 로댕은 지옥에 떨어진 이 두 사람을 처음에는 서로 열정적으로

오귀스트 로댕, 〈파올로와 프란체스카〉

오귀스트 로댕, 〈입맞춤〉, 1898년
181.5×112.5×117cm, 1층 5번 전시실

포옹하고 있는 모습으로 표현했다. 하지만 지옥에서 이렇게 행복해한다는 것은 있을 수 없는 일이므로 고통받는 모습으로 다시 조각했다.

그러나 파올로와 프란체스카는 〈입맞춤〉Le Baiser이라는 작품으로 다시 태어나 불멸의 연인이 되었다. 청동으로도 주조된 이 작품은 오랑주리 미술관 입구에 있으며, 오르세 미술관에는 샤바넬이 그린 〈프란체스코와 파올로의 죽음〉이 전시되어 있다.

피사 시민들은 대주교의 주도하에 반란을 일으켜

오귀스트 로댕, 〈우골리노와 그의 자식들〉, 1901-1904년
133.5×140×194cm, 정원

이탈리아 역사에서 가장 잔혹한 군주인 우골리노 백작을 쫓아냈고, 우골리노 백작은 그의 아들과 손자 넷과 함께 탑에 갇혀 굶어 죽는 형을 선고받았다. 시간이 지나면서 너무 배가 고팠던 우골리노는 결국 자식들을 잡아먹었고, 그 역시 잡아먹힌 자식들 옆에서 숨을 거두었다.

이 작품은 미쳐버린 우골리노가 벌거벗은 채 짐승처럼 죽은 자식들의 시신 위를 기어 다니는 모습을 보여준다. 인간성을 잃어버린 인간의 모습이야말로 인류가 맞을 수 있는 최고의 비극일 것이다.

진정한 예술가로 독립한
카미유 클로델의 작품

날 떠나지 말아요.

잊어야 해요. 모든 건 다 잊힐 수 있어요.

이미 지나간 일은 잊어요.

서로가 오해했던 시간과 방법을 궁리하다

잃어버린 시간을 잊어요.

그 시간들을 이유만 따지다 행복한 마음을

때로 절망시킨 시간들을

날 떠나지 말아요.

날 떠나지 말아요.

날 떠나지 말아요.

날 떠나지 말아요.

_ 자크 브렐, 「날 떠나지 말아요」

　　로댕과 헤어진 카미유 클로델(1864-1943)은 1899년 〈중년〉L'Âge mûr(혹은 〈운명〉)이라는 작품을 조각했다. 1885년부터 로댕의 아틀리에에서 협력자로서 그와 함께 일하기 시작했던 이 젊은 여성은 얼마 지나지 않아 그의 연인이자 뮤즈가 되었다. 두 예술가는 격렬하고 열정적인 사랑을 나누었지만, 로댕은 그의 오래된

카미유 클로델, 〈중년〉, 1899년, 121×181.2×73cm, 2층 16번 전시실

동거녀 로즈 뵈레를 떠날 결심을 할 수 없었다(그는 로즈 뵈레를 1864년에 처음 만나 같이 살다가 죽은 해인 1917년에서야 결혼한다).

로댕 미술관에는 로댕이 조각한 클로델의 흉상과 역시 로댕이 조각한 로즈의 흉상, 클로델이 조각한 로댕의 흉상이 있다. 이 세 사람이 등장하는 클로델의 조각 〈중년〉은 무엇보다도 인간의 운명에 대한 비유*다. 또한 클로델이 이 고통스러운 시간을 상기하는 자전적 작품으로 볼 수 있다. 왜냐면 두 여인 사이에서 고민하는 이 남자는 바로 로댕이기 때문이다.

무릎을 꿇고 있는 여성은 클로델이다. 그녀는 이미 떠나가는 남자를 붙잡으려고 두 팔을 벌리고 애원하는 모습으로 표현되어 있다(〈애원하는 여인〉, 1893-1905, 로댕 미술관). 〈중년〉의 한가운데 있는 로댕의 손과 클로델의 손 사이의 허공은 로댕의 선택과 그들의 결정적인 이별을 표현한다. 그리고 이 남자를 인정사정없이 끌고 가는 야위고 못생긴 나이든 여인은 로즈다. 클로델은 자신의 연인을 데려간 이 사랑의 라이벌을 죽음의 여신으로 그려놓았다. '애원하는 클로델'의 배가 살짝 부풀어 오른 걸 볼 수 있다. 이 죽음의 여신은 아이의

---

* 가운데 인물은 젊음을 상징하는 왼쪽의 젊은 여성과 결별하고 죽음을 상징하는 오른쪽의 늙은 여성에게 끌려간다.

아버지까지 빼앗아간 것이다. 그녀의 동생인 작가 폴 클로델은 〈중년〉에 대해 이렇게 말할 것이다. "자존심 강한 나의 누이 카미유가 굴욕을 감수하며 무릎을 꿇고 애원하는 순간, 그녀에게서 그녀의 영혼이 뽑혀 나간다."

하지만 클로델은 이 작품을 조각함으로써 예술가로서 완전히 독립한다. 로댕의 영향에서 완전히 벗어나 자신만의 세계를 확립해 간다. 그러나 얼마 지나지 않아 그녀는 서서히 광기 속으로 빠져들 것이다. 무려 30년 동안이나 무명으로 정신병원에 갇혀 있다가 쓸쓸하게 죽어간 그녀는 자신의 이름이 새겨진 무덤도 갖지 못했다. 그녀를 망각의 세계에서 구해낸 것은 안느 델베가 쓴 책 『카미유 클로델』(1982)과 이자벨 아자니가 연기한 영화 「카미유 클로델」(1988)이었다.

로댕이 수집한
회화작품들

파리의 로댕 미술관에는 그의 작품들뿐만 아니라 그가 그리거나 수집한 회화작품들도 전시되어 있다. 로댕이 수집한 작품 중에는 인상파 화가들의 작품은 물론, 에드바르 뭉크가 〈생각하는 사람〉을 그린 작품이나 반 고흐가 그린 〈탕귀 아저씨〉Le Père Tanguy도 있다.

빈센트 반 고흐, 〈탕귀 아저씨〉, 1887년, 92×75cm, 2층 12번 전시실

화상이었던 탕귀는 자신의 화랑에서 모네와 르누아르, 피사로 등 인상파 화가들뿐만 아니라 세잔의 작품도 거래했다. 고흐가 세잔을 처음 만난 곳도 이 사람의 화랑이다. 탕귀는 그림뿐만 아니라 물감도 팔았는데, 가난한 화가들에게 외상으로 주거나 그냥 주기도 했다고 한다.

  이 그림은 아마도 고흐가 그에 대한 고마움을 표시하기 위해 그려준 그림일 것이다. 배경에 일본 판화가 등장하는 것을 보면 일본 판화가 인상파 화가들에게, 특히 고흐와 모네에게 얼마나 큰 영향을 미쳤는지 알 수 있다.

시몬 드 보부아르(1908-1986)와 장-폴 사르트르(1905-1980)

시몬 드 보부아르는 『아주 편안한 죽음』(1964)에서 이렇게 말한다. "사람은 태어났다고 해서, 살았다고 해서, 늙었다고 해서 죽는 것이 아니다. 사람은 무엇인가 때문에 죽는다."

장폴 사르트르도 『악마와 신』에서 비슷한 말을 한다. "나는 나의 몸을 거의 느끼지 못한다. 나는 내 삶이 어디서 시작되는지도, 어디서 끝나는지도 모르고, 지금도 누가 나를 부르면 대답을 하지 않는다. 나는 하나의 이름을 갖는다는 게 너무 놀랍게 느껴진다."

그들은 묘지가 훤히 내려다보이는 셀 거리 24번지에 살았지만, 각자의 자유를 지키기 위해 방을 따로 썼다. 그러나 결국 죽음은 그들을 결합했다.

파리의 공동묘지는 혐오 시설이 아니다. 봄에는 온갖 종류의 꽃들이 피어나고, 여름이면 키 큰 나무들이 그늘을 만들어 주며 가을에는 알록달록 단풍이 지는 공원이다. 그래서 공동묘지에 가면 벤치에 앉아 책을 읽거나 휴식을 취하는 시민들을 자주 볼 수 있다. 파리의 묘지는 흔히 '야외 박물관'이라고 불린다. 우리가 잘 아는 수많은 예술가가 묻혀 있을 뿐만 아니라 많은 무덤이 아름답게 장식되어 있기 때문이다.

페르라세즈 묘지

연 방문객이 200만 명 이상에 달하는 페르라세즈 묘지는 파리에서 가장 넓고(44헥타르), 프레데리크 쇼팽이

페르라세즈 묘지 – 16 Rue du Repos, 75020 Paris

나는 왜 파리를 사랑하는가

나 에디트 피아프, 짐 모리슨, 오스카 와일드 등 우리
가 잘 아는 유명 인사들이 묻혀 있다.

1804년에 문을 연 이 묘지는 처음에는 파리 외곽
높은 언덕의 가난한 서민 동네에 있다는 이유로 파리
시민들이 매장을 꺼려 겨우 13구의 무덤밖에 없었지
만, 1817년 아벨라르와 엘로이즈, 몰리에르, 라퐁텐
의 무덤을 이곳으로 이장하면서 많이 늘어나 지금은
약 7만 구의 무덤이 있다.

페르라세즈 묘지에 있는 약 7만 개의 무덤 중에서
사람들이 가장 많이 찾는 곳은 단연 프레데리크 쇼팽
의 무덤이다.

직사각형 모양의 무덤 위에서 음악의 뮤즈인 에우
테르페가 줄이 끊어진 리라를 든 채 쇼팽을 내려다보
며 그의 죽음을 슬퍼하고 있다(이 대리석 조각은 쇼팽의 연
인이었던 작가 조르주 상드의 사위인 조각가 오귀스트 클레셍제르
의 작품이다). 쇼팽의 옆얼굴이 새겨진 이 타원형의 원
형 저부조 왼쪽에는 '프레데리크 쇼팽', 오른쪽에는
'1849년 10월 17일'이라고 쓰여 있다. 그리고 받침
돌의 좌우에는 각각 '프레데리크 쇼팽, 폴란드 바르샤
바 근처의 젤라조바-올라에서 태어나다', '어느 폴란
드 신사의 딸로 태어난 크시자노프스카와 결혼한 어
느 프랑스 이민자의 아들'이라고 새겨져 있다.

프레데리크 쇼팽(1810-1849)

쇼팽의 무덤 앞에는 흰색과 붉은색이 같은 너비의
가로 선으로 되어 있는 폴란드 국기가 놓여 있고, 이
두 가지 색깔의 장미꽃도 항상 꽂혀 있다. 쇼팽이 폴
란드를 떠날 때 들고 왔던 폴란드의 흙은 무덤 위에
뿌려졌다.

오스카 와일드는 '삶 자체가 한 편의 소설'이라는
말이 잘 어울리는 인물이다. 그는 아일랜드 출신으로
트리니티 칼리지와 옥스퍼드 대학을 나와 '예술을 위
한 예술'을 주창하는 탐미주의 운동의 리더가 되었다.

소설가이자 시인, 극작가로 활동하며 『행복한 왕자』
와 『도리언 그레이의 초상』, 『윈더미어 부인의 부채』,
『살로메』, 『진지함의 중요성』, 『심연으로부터』 등의
작품을 발표하여 영국 최고 작가가 되었다.

　하지만 결혼 생활이 그다지 행복하지 못했던 그
는 알프레드 더글러스와 동성애에 빠져들면서 나락
의 길을 걷게 된다. 두 사람의 관계를 알게 된 더글러
스의 아버지가 오스카 와일드는 동성애자라고 쓰인
종이를 술집에 붙이자, 이에 격분한 오스카 와일드는
더글러스의 아버지를 명예훼손 혐의로 고발한다. 하
지만 그는 재판에서 2년 노역 형을 선고받는 것으로
도 모자라 더글러스의 아버지에게 재판 비용과 벌금
으로 엄청나게 많은 빚을 지고 파산한다. 형을 다 살
고 감옥에서 나온 그는 프랑스로 건너가 세바스티안

오스카 와일드(1854~1900)

멜모스라는 이름으로 살았고, 파리의 한 호텔 방에서 뇌막염으로 숨을 거두었다. 그는 처음에 파리 외곽의 바뉴 묘지에 묻혔다가 1909년 페르라세즈 묘지로 이장되었고, 1950년에는 그의 첫 번째 동성애 상대이자 유언집행자였던 로버트 로스가 그의 무덤에 합장되었다.

무게가 20톤이나 나가는 묘비 한쪽 면은 날개 달린 스핑크스로 장식되어 있는데 스핑크스의 얼굴은 오스카 와일드이다. 이 스핑크스상에는 원래 매우 사실적으로 조각된 남자 성기가 달려서 6년 동안이나 일반인의 접근이 금지되기도 했지만, 1961년 누군가에 의해 훼손되었다. 지금 그의 무덤은 유리 벽으로 둘러싸여 있지만, 항상 자신이 다녀갔다는 사실을 알리고 싶어 하는 여성 팬들의 립스틱 자국으로 뒤덮여 있고 꽃과 편지가 놓여 있다.

삶이 비극적이지만 열정적이었다는 사실을 보여주려는 듯 늘 붉은 장미꽃이 놓여 있는 에디트 피아프의 무덤. 1915년 극도로 가난한 가정에서 태어나 부모의 보살핌을 받지 못한 채 자라난 그녀는 유랑 서커스단에서 일하는 아버지를 몇 년 동안 따라다녔다. 열다섯 살 때 집을 떠나 처음에는 길거리에서 노래하다가 얼마 뒤부터는 대중 무도회장에서 노래를 불렀다. 그러던 그녀는 1935년 결국 루이 르플레의 눈에 띄었고, '밤의 황제'라 불리던 이 카바레 운영자는 그녀를 카바레에 데뷔시켰다. 얼마 지나지 않아 사람들이 에디트 피아프를 보러 카바레로 밀려들었으며, 그녀의 노래를 듣고 열렬히 환호했다. '참새 피아프'Môme Piaf가 탄생한 것이다. 그리고 그녀가 팬들이 열렬히 사랑하는 뮤직홀의 스타에서 국제적인 스타로 발돋움하기까지는 그리 오랜 시간이 걸리지 않았다.

이처럼 엄청난 성공을 거두었음에도 피아프의 삶은 온갖 크고 작은 비극으로 점철되었다. 특히 딸 마르셀이 1935년에 죽었고, 연인 마르셀 세르당이 1949년 비행기 사고로 목숨을 잃었다. 계속되는 불행으로 인한 지칠 대로 지친 몸과 마음, 질병(그녀는 특히

에디트 피아프(1915-1963)

다발관절염을 앓고 있었다), 과음, 모르핀 중독…. 에디트 피아프는 1963년 불과 마흔일곱의 나이에 동맥류 파열로 세상을 떠났다. 하지만 그녀는 외친다.

아네요! 절대 아네요! 아니라고요!
난 절대 후회하지 않아요!
사람들이 날 행복하게 했건, 아니면 힘들게 했건,
아무 상관없어요!

_ 에디트 피아프, 「난 후회하지 않아」

우리 귀에 낯설지 않은 시 「미라보 다리」. 입체파 화가들의 뮤즈였던 화가 로랑생(1883-1956)은 1907년 피카소의 소개로 시인 아폴리네르(1880-1918)를 만나 5년 동안 열렬한 사랑을 나누었으나 결국 헤어졌고, 아폴리네르는 결별의 아픔을 우리가 잘 아는 이 명시 「미라보 다리」에 녹여냈다.

미라보 다리 아래 센강이 흐르고
우리 사랑도 흘러간다
기억해야 할까나
아픔 뒤엔 늘 기쁨이 찾아왔었지
밤이여 오라 종이여 울려라
세월은 가도 나는 늘 여기 있네…

'칼리그람'이라는 시각적 형태의 시를 만들어내기도 했던 아폴리네르는 1차 세계대전에 참전 중 머리에 포탄 파편을 맞아 몸이 약해져 결국 스페인 감기로 숨을 거두었다. 그로부터 38년 뒤에 세상을 떠난 로랑생은 다른 사람이랑 결혼했지만, 평생 아폴리네르를 잊지 못했다. 그래서 그녀는 죽을 때 한 손에는 아폴리네르의 시집을, 또 한 손에는 장미를 들려서 흰색 드레스 차림으로 묻어달라는 유언을 남겼다. 이 유언은 그대로 이행되었다. 이 두 연인은 100미터도 채 떨어져 있지 않은 곳에 묻혀 있다.

　선돌 모양을 한 아폴리네르의 묘석은 아폴리네르의 친한 친구였던 피카소가 설계했고, 비용은 피카소

기욤 아폴리네르(1880-1918)

가 마티스와 함께 그림을 경매에 부쳐 조달했다. 그리고 묘석에는 그의 시집 『칼리그람』 중 「언덕」이라는 시 일부(그의 죽음을 언급하는)와 심장 모양을 한 칼리그람 시(「뒤집힌 불꽃과 흡사한 내 심장」)가 새겨져 있다.

프란시스 포드 코폴라가 연출한 「지옥의 묵시록」은 아이로니컬하게도 그룹 도어즈의 「끝」으로 시작한다.

이게 끝이야, 아름다운 친구, 이게 끝이라고, 나의 유일한 친구
우리가 꾸민 세밀한 계획의 끝이야
서 있는 모든 것들의 끝, 끝
안전하지도 않고 놀랍지도 않은 끝
난 다시는 네 눈을 보지 못할 거야

이 노래를 통해 짐 모리슨은 자기의 죽음을 예언하는 것일까. 1971년, 그룹 도어즈의 보컬 짐 모리슨은 파리에 있는 아파트 욕조에서 숨진 채 발견되었다. 그의 나이 27세. 「나의 불을 밝혀라」와 「끝」, 「태양을 기다리며」, 「사람들은 이상해」 등의 명곡을 발표하여 단숨에 스타덤에 오른 그는 단지 가수가 아니라 60년대의 반전운동과 혁명을 상징하는 저항의 아이콘이었다.

철학자 프리드리히 니체와 시인 아르튀르 랭보, 극작가 앙토넹 아르토에게 많은 영향을 받은 이 신화적 인물은 시적인 가사와 파격적인 무대 매너, 미스터리에 쌓인 죽음으로 지금까지도 하나의 전설로 남아 있다. 지난 2021년 7월에는 전 세계의 팬들이 짐 모리슨의 사망 50주기를 추모하기 위해 그의 무덤에 몰려들었다. 그는 자신이 부른 노래의 가사처럼 '폭풍 속을 달려가는 라이더'였다.

페르라세즈 묘지 남동쪽 모퉁이에는 1871년 5월 일어난 파리코뮌 당시 정부군이 140여 명의 코뮌군을 총살한 '코뮌군의 벽'이 있다(26페이지 참조). 그리고 이 벽 주변의 묘역에는 사회주의와 공산주의 사상을 실천한 인물들이 주로 묻혀 있다.

짐 모리슨(1943~1971)

그중 한 무덤에서는 폴 라파르그와 그의 아내 로라 마르크스가 함께 영원한 안식을 취하고 있다. 폴 라파르그는 사회주의자로 저널리스트이자 경제학자, 작가였고, 파리코뮌에 참여했으며 1871년 열린 1차 인터내셔널에 프랑스 대표로 참석하기도 했다. 작가로서의 그는 『게으를 권리』*라는 책으로 한국 독자들에게 알려져 있다. 로라 마르크스는 카를 마르크스의 둘째 딸이다. 그런데 자세히 들여다 보면 이 부부는 죽은 날짜가 1911년 11월 25일로 같다. 같은 날 같은 시간에 스스로 목숨을 끊은 것이다. 왜일까? 이유는 라파르그가 쓴 다음 글에 나와 있다.

"그 가혹한 노쇠는 삶의 쾌락과 즐거움을 하나씩 내게서 빼앗아가고, 나의 신체적, 지적 능력을 앗아갈 것이다. 나의 힘과 의지는 점점 더 약해져 결국은 나 자신과 다른 사람에게 짐이 될 것이다. 나는 그것을 원치 않는다. 그러니 지금처럼 그나마 몸과 정신이 온전할 때 스스로 목숨을 끊는다."

특히 가을에 들으면 가슴에 더욱 진하게 와 닿는 샹송 「고엽」을 부른 가수 이브 몽탕은 아내 시몬 시뇨레와 함께 그녀의 고향인 독일 비스바덴에서 많이 볼

- 폴 라파르그 지음, 차영준 옮김, 2009년, 필맥 출간.

폴 라파르그(1843-1911)와
로라 마르크스(1845-1911)

수 있는 자작나무가 그늘을 드리우고 있는 무덤에 묻
혀 있다.

오! 난 그대가 기억해 주었으면 정말 좋겠어요

우리가 함께했던 행복한 나날들을

그때의 삶은 한층 더 아름다웠지요

그리고 태양도 오늘보다 더 뜨거웠지요

낙엽이 수북하게 쌓여 있네요

자, 난 잊지 않았답니다

낙엽이 수북하게 쌓여 있네요

추억과 미련도요

이브 몽탕(1921-1991)과 시몬 시뇨레(1921-1985)

그리고 북풍이 낙엽을 쓸어가는군요

차가운 망각의 밤 속으로

자, 난 잊지 않았답니다

　　동갑내기인 이 두 사람은 1949년 처음 보자마자 서로에게 한눈에 반했고, 시몬 시뇨레는 남편 이브 알레그레를 버리고 2년 뒤에 이브 몽탕과 결혼하여 35년 동안 삶을 함께했다. 자크 베케르 감독의 「황금 투구」(1952)에서 꼿꼿이 자신의 사랑을 찾아가는 매춘부 역할을 연기하여 이름을 알린 그녀는 「꼭대기 방」이라는 작품으로 프랑스 배우로는 최초로 아카데미 여우주연상을 받았다.

　　이브 몽탕의 원래 이름은 이보 리비이며, 파시스

트들이 지배하는 이탈리아를 떠나 프랑스 마르세유에 정착한 이민자 가정에서 태어났다. 흉내 전문 연예인으로 무대에 데뷔할 때 그는 "이보, 몽타!(이보, 빨리 올라와!)"라고 외치곤 하던 어머니를 추억하여 예명을 이브 몽탕으로 정했다. 시몬 시뇨레는 병으로 시력을 잃고 1985년에 숨을 거두었으며, 이브 몽탕은 그로부터 6년 뒤인 1991년 얼음처럼 차가운 호수에서 수영하다 심근경색으로 아내 뒤를 따라갔다.

몽파르나스 묘지

파리로 공부를 하러 왔던 키에프 출신의 젊은 여성 타니아 라슈브스카이아는 한 남성을 사랑하게 되었지만, 그가 마음을 받아주지 않자 실의에 빠져 1910년 스스로 목숨을 끊었다. 가족은 그녀의 무덤 위에 조각을 세우기로 하고, 로댕의 제자였지만 그 당시에는 별로 알려지지 않았던 루마니아 출신의 조각가 브랑쿠시(1876-1957)에게 작품을 의뢰했다.

　브랑쿠시는 남녀가 입을 맞추는 조각 〈입맞춤〉을 제작하여 가족에게 넘겨주었고, 그 이후로 이 조각은 사람들의 기억 속에서 잊혔다. 그러다가 2005년 브랑쿠시의 대리석 조각품 한 점이 경매에서 조각품으로는 최고가인 2700만 달러에 팔렸다. 그러자 파리

타니아 라슈브스카이아의 무덤
브랑쿠시, 〈입맞춤〉, 높이 90cm

의 한 미술상이 우크라이나에 사는 타니아의 먼 친척들에게 알려 최소 5000만 달러는 나갈 것으로 추정되는 이 작품을 외국으로 가져가서 팔라고 부추겼다. 그러나 프랑스 문화부가 이 작품의 반출을 허용하지 않았고, 이에 이 미술상과 친척들은 소송을 제기했다. 지루한 재판이 15년간 이어지다가 지난 2020년 프랑스 행정재판소가 미술상과 친척들의 손을 들어주어 이 작품은 국외로 반출되나 싶었지만, 2021년 7월 프랑스 국무회의는 이 작품을 문화유적으로 제정하여 국외 반출과 판매를 완전히 금지해 버렸다.

나는 필리프 누아레의 무덤을 보는 순간 영화 「시네마 천국」이 생각났고, 동시에 헤르만 헤세의 『데미안』에 나오는 그 유명한 문장 '새는 알을 깨고 나온다. 알은 세계다. 태어나고자 하는 한 세계를 부수어야 한다'가 떠올랐다. 토토가 알을 깨도록 한 사람은 영화관에서 불이 나 앞을 못 보게 된 알프레도(필리프 누아레)다. 그는 앞을 못 보지만 그 누구보다도 잘 세상의 이치를 꿰뚫는 혜안을 가진 사람이다. 넓은 세상으로 나가라는 그의 충고 덕분에 토토는 알을 깰 수 있었다.

　　「악의 꽃」을 쓴 시인 샤를 보들레르의 영혼은 몽파르나스 묘지의 두 곳에서 떠돌고 있다. 하나는 진짜 무덤, 또 하나는 가짜 무덤.
　　그가 쓴 시처럼 어둡고 환상적인 가묘는 묘지 외진

필리프 누아레(1930-2006)

샤를 보들레르(1821~1867)의 가묘

곳에 자리 잡고 있다. 보들레르는 박쥐가 떠받들고 있는 기둥 꼭대기에서 턱을 괸 모습으로 '쓸쓸한 생각(보들레르의 시 제목)'에 잠겨 있고, 기둥 밑에는 붕대를 온몸에 두른 미라의 모습으로 누워있다. 그 반면, 묘지 정반대편에 있는 그의 진짜 무덤에는 시를 쓴 종이와 작은 조약돌, 꽃, 봉헌물 등이 놓여 있다. 그런데 이 무슨 삶의 아이러니란 말인가. 그는 가장 사랑하는 어머니와 그리고 가장 싫어하는 계부와 같이 묻혀 있다.

하지만 그 누가 제 속에 해골을 품지 않았단 말인가?
그 누가 무덤의 것들을 먹지 않았단 말인가?

향수와 옷, 화장이 다 무슨 소용이 있단 말인가?

그는 자기가 아름답다고 믿지만 언젠가는 추해지고 말리니

_샤를 보들레르, 「죽음의 춤」

「삶의 소소한 것들」은 클로드 소테가 1970년에 연출한 작품이다. 40대 건축가인 피에르(미셸 피콜리)는 차를 몰고 갔다가 사고를 당한다. 그는 불붙은 자동차에서 도로변으로 튕겨 나와 혼수상태에 빠진다. 그는 최근의 기억을, 특히 그의 삶에서 중요한 위치를 차지하는 두 명의 여성을, 아들 하나를 낳고 헤어진 아내 카트린과 애정 관계가 전환점에 서 있는 연인 엘렌(로미 슈나이더)을 다시 떠올린다.

클로드 소테(1924-2000)

자크 드미(1931-1990)와 아네스 바르다(1928-2019)

과거를 빠르게 회상하던 그는 삶을 이루는 그 소
소한 것들이, 즉 그 여러 가지 즐거움과 고통이 얼마
나 중요한지를 깨닫는다. 그는 죽어가면서도 죽음을
전혀 의식하지 못하고 한 가지 소소한 것에 매달린다.
즉 그와 타인들의 관계에 전혀 다른 의미를 부여하게
될 한 통의 편지를 원래의 수신자가 보지 못하게 해야
한다는 것이다. 결국 이 편지는 찢겨 수신자에게 도달
하지 못하고, 피에르의 마지막 바람은 이루어진다. 클
로드 소테의 묘비에는 이렇게 쓰여 있다. "냉정함을
유지하라! 모순 앞에서!"

몇 년 전, 나는 노르망디의 라 아그라는 마을에 있
는 화가 밀레의 생가를 보기 위해 파리에서 쉘부르까
지 기차를 타고 갔다. 11월이었는데도 쉘부르에는 눈

이 조금씩 내리고 있었다. 나는 자연스럽게 자크 드미가 연출한 「쉘부르의 우산」의 마지막 장면을 떠올렸다. 애절한 사랑과 고통스러운 이별의 시간을 보내고 나서 다시 만난 귀와 주느비에브에게는 이제 사랑의 잔재가 남아 있지 않은 듯, 두 사람의 재회는 담담하다. 하지만 사랑의 감정은 추억하는 것만으로도 아름답지 않은가.

지중해 변의 도시 세트에서 태어난 그의 아내 아네스 바르다의 「지붕도 없고 법도 없이」(한국에서는 「방랑자」라는 제목으로 소개되었다)라는 작품을 본 적이 있다. 젊은 여성 SDF(노숙자)의 정처도 희망도 없는 삶과 죽음을 그린 작품이다. 오래전에 살았던 남프랑스의 도시 몽펠리에에서 마르세유로 이어지는 고속도로를 차를 타고 달리다 보면 왼쪽 언덕에 키 큰 나무 한 그루가 유난히 눈에 띄었다. 나중에 알고 보니 이 영화에서 그녀가 추위를 이겨내지 못하고 숨을 거둔 장소가 바로 이 나무 밑이었다. 그 이후로 나는 이 나무가 보일 때마다 이 여성을 연기한 상드린 보네르의 그 절망스러운 눈빛을 떠올리곤 했었다.

몽마르트르 묘지

묘지 안으로 육교가 지나가는 파리 18구의 몽마르트

르 묘지에는 한 사내가 「페트르슈카」의 어릿광대 모습으로 자신의 무덤 앞에 앉아 우울한 표정을 짓고 있다. 바로 바츨라프 니진스키다. 폴란드의 무용수 집안 출신인 그는 상트페테르부르크에서 춤을 배웠다. 열여덟 살 때 공연 기획자인 세르게이 디아길레프를 만나 그와 함께 전설적인 러시아 발레단 순회공연을 시작한다. 그리고 중력을 무시하듯 높이 도약하는 이 '무용의 신'은 얼마 지나지 않아 유럽 전역에 이름을 떨치기 시작했다.

　하지만 그의 삶은 성공과 스캔들로 점철되었다. 그가 남미 순회공연 중에 결혼하자 연인이었던 디아길레프는 그를 버렸다. 그는 서서히 광기에 빠져들었다. 1919년 마지막으로 춤을 추고 나서는 30년 동안 정

바츨라프 니진스키(1889-1950)

나는 왜 파리를 사랑하는가

신과 치료를 받아야만 했다. 그는 1950년 런던에 묻혔지만, 무용수인 세르게이 리파르가 개입한 덕분에 1953년 시신이 몽마르트르 묘지로 옮겨졌다.

「춘희」로 더 유명한 마리 뒤플레시스. 원래 이름이 알퐁신인 그녀는 어느 시골의 찢어지게 가난한 집안에서 태어나 호텔 하녀와 우산 공장 노동자로 일하다가 결국 가난을 견디지 못하고 파리로 올라왔다. 파리에서도 세탁부와 모자 공장에서 일하던 그녀는 한 부유한 상인의 정부가 되었다가 눈부시게 환한 미소와 빼어난 용모, 우아한 분위기로 사람들의 눈을 끌어 16세 때 파리에서 남자들이 가장 많이 찾고 가장 비싼 유녀(courtisane. 한국어로 번역하자면 미모와 교양을 갖춘 고급

마리 뒤플레시스(1824-1847)

기생 정도의 의미다)가 되었다.

그녀의 애인이기도 했고 그녀를 「춘희」에 등장시켜 불멸의 존재로 만든 알렉상드르 뒤마 피스는 마리 뒤플레시스를 이렇게 묘사한다. "키가 크고 날씬했으며, 머리는 칠흑처럼 검었고, 자그마한 얼굴은 장밋빛을 띠었으며, 입술은 체리처럼 붉었고, 새하얀 치아는 이 세상에서 가장 아름다웠다." 그녀는 미인이 갖추어야 할 조건을 모두 갖추고 있던 것이다.

그녀는 읽고 쓰는 법을 익히고 책을 읽었으며 피아노도 배웠다. 또 모든 주제에 관해 대화할 수 있는 지적 수준까지 갖추었다. 그러자 그녀와 함께 공적, 사적 생활을 할 수만 있다면 목숨까지 바칠 준비가 되어 있는 남성들이 그녀가 파리의 카퓌신 거리에 운영하던 살롱에 문턱이 닳도록 드나들었다. 그녀는 명문가의 규수처럼 언행이 신중하고 조신하면서도 또 한편으로는 총명하고 활달해서 처음 보는 사람은 그녀가 유녀라는 생각을 하지 못했다고 한다.

그녀는 알렉상드르 뒤마 피스와 프란츠 리스트의 애인이었다가 1846년 런던에서 에두아르 드 페리고 백작과 결혼한다. 그러나 백작 집에서 심하게 반대하자 다시 파리로 돌아온다. 마들렌 성당 근처에 살던 그녀는 결핵에 걸리고 경제적으로도 파산한다. 그리고 모든 사람에게 버려진 채 애인이었던 구스타프 폰

스타켈베르그 백작과 남편이었던 페리고 백작이 지켜 보는 가운데 눈을 감는다.

그녀는 이처럼 초라한 죽음을 맞이했지만, 알렉상 드르 뒤마 피스가 쓴 「춘희」에서는 마르그리트 고티 에로, 베르디가 작곡한 「라트라비아타」에서는 비올레 타 발레리로 되살아났다. 예술은 영원하다. 알렉상드 르 뒤파 피스는 그녀의 무덤에서 얼마 떨어지지 않은 곳에 누워 지금도 그녀를 생각하고 있다. 사랑도 영원 하다.

절정의 사랑이란 어떤 사랑을 말하는 것일까? 프 랑수아 트뤼포 감독이 연출한 영화 「쥘과 짐」에서 카 트린(잔 모로)이 원하지만 충족되지 않는다고 느껴지자 쥘을 차에 태우고 강물에 뛰어들게 만드는 사랑일까? 아니면 파트리스 르콩트가 연출한 영화 「어느 미용사

프랑수아 트뤼포(1932-1984)

제5장

의 남편」에서 그것이 언젠가는 식어버릴까 봐 두려워서 미용사로 하여금 스스로 강물에 뛰어들게 만드는 사랑일까? 프랑수아 트뤼포와 잔 모로의 무덤은 겨우 몇 발자국밖에 떨어져 있지 않다.

진짜 이름이 앙리 베일 혹은 HB인 스탕달은 그가 살던 시대의 풍속을 반영하는 『적과 흑』이나 『파르마의 수도원』을 쓴 작가이며, 이 두 작품은 지금까지도 널리 읽히는 고전이 되었다. 하기야, 어느 시대를 막론하고 쥘리앵 소렐이나 파브리스 델 동고처럼 되기를 꿈꾸지 않는 남자가 누가 있겠는가? 스탕달은 1842년 오후 7시 파리 시내 길거리에서 갑자기 쓰러졌고, 끝내 의식을 되찾지 못한 채 그다음 날 새벽 2시에 마지막 숨을 내쉬었다. 사인은 뇌출혈이었다. 그의 무덤에

스탕달(1783-1842)

는 이렇게 쓰여 있다. "밀라노 사람, 썼고 사랑했고 살았다."

「자클린의 눈물」은 자크 오펜바흐(1819-1880)가 작곡했지만 거의 알려지지 않다가 한 첼리스트가 「자클린의 눈물」이라는 제목을 붙여 자클린 뒤 프레에게 바침으로써 널리 알려진 곡이다. 이 곡에는 다발성경화증을 앓다가 숨을 거둔 그녀의 육체적 고통과 남편 바렌보임에게 버림받은 정신적 고통이 절절히 녹아있다. 자크 오펜바흐의 무덤 앞에 서 있노라면 자클린 뒤 프레가 흘렸을 눈물이 내 가슴 속에서도 흘러내리는 듯하다. 그녀는 죽고 나서도 묻는다. "어떻게 하면 삶을 견딜 수 있죠?"

자크 오펜바흐(1819-1880)

제6장

파리만 보기 아쉬운 여행자를 위해

:: 1300년 동안 계속되는 순례자들의 성지
몽생미셸

몽생미셸

바위산과 모래밭 위에 우뚝 서 있는 몽생미셸 수도원은 매번 볼 때마다 다른 모습을 보여준다. 사탄을 정복한 대천사장을 숭배하는 완벽한 원뿔 모양의 이 베네딕트 수도원은 중세 기독교 세계의 주요한 순례지였다. 수도원은 수도사들의 수도 생활을 보장하기 위해 가파른 바위 절벽 위에 세워졌다.

이 수도원은 수차례 불에 탔고 여러 번이나 무너졌다. 하지만 그럴 때마다 수도사들은 절망하지 않고 더욱 견고한 토대 위에 다시 수도원을 세웠다. 그래서 이 수도원을 이루는 모든 건물은 같은 시대에 세워지지 않았다. 그런데도 수도원은 건축학적 조화와 통일성을 보여준다.

또한 수도사들은 백년전쟁 중에는 영국인들과, 종교전쟁 중에는 신교도들과 맞서 싸워야 했다. 프랑스 혁명이 일어나자 수도사들은 타의에 의해 수도원을 떠나야만 했고, 수도원은 1793년에서 1863년까지 감옥으로 쓰였다. 그러다 1969년 수도사들이 돌아와 생활하면서 몽생미셸은 부활하였다.

몽생미셸 승원monastère은 10세기에서 16세기 사이에 지어진 건물들로 이루어져 있다. 즉 수도원 교회는 맨 위에, 로마네스크 양식의 수도원abbayé은 서쪽에, '경이로운 건물들'Merveille이라고 불렸던 13세기 건물들(1층의 지하 저장고와 순례자 숙소, 2층의 VIP 숙소와 필사실, 3층의 회랑과 수도사 식당)은 북쪽에 자리 잡고 있다.

전통적으로 베네딕트 승원의 건물들은 수도원 회랑cloître을 둘러싸고 수평으로 배치되어 있다. 그러나 몽생미셸의 경우에는 바위산이 울퉁불퉁했기 때문에 건축가들은 수직으로 건물을 지어야만 했다. 즉 수도원 교회가 내려다 보고 있는 바위산의 사면에 건물들이 세 개의 층으로 겹쳐져 있다. 이제 몽생미셸 입구로 천천히 들어가 보자.

큰 계단Le Grand Degré

몽생미셸 마을의 큰길을 끝까지 따라 올라가면 바깥쪽 큰 계단이 나타나고, 이 계단을 올라가면 수도원 입구가 나타난다. 수도원의 방어 시스템은 백년전쟁이 벌어진 14세기에 크게 강화되었다. 입구는 1393년에 건설된 작은 성과 외보外堡에 의해 보호된다. 가파른 계단은 작은 성의 두 탑 사이에서 출발, 성문을 지나 경비실로 이어진다. 방문객은 이 경비실에 자신의 무기를 맡겨야 했다.

바깥쪽 큰 계단을 지나면 다시 안쪽 큰 계단이 수도원 교회의 고딕식 내진과 수도원장이 살았던 건물 사이로 이어지고, 이 계단을 오르면 바다가 훤히 내려다보이는 수도원 교회 앞 테라스가 나타난다.

수도원 회랑Cloître

13세기에 건설되었다. 경이로운 건물들의 맨 위에 있다. 하늘과 신으로부터 가장 가까운 몽생미셸의 회랑은 불규칙한 사각형 형태이다. 전통적인 회랑과는 달리 수도원의 한가운데 있지도 않고, 다른 방들과 연결되어 있지도 않다. 이곳 회랑은 수도사들이 혼자 신의 말씀을 읽고 그것을 되새기는 '명상의 장소'라는 기능만을 하고 있을 뿐이다.

회랑의 서쪽 측면에 있는 세 개의 아치는 원래 사제단 회의실로 통하는 입구로 설계되었으나, 이 회의실은 지어지지 않아서 결국은 장식적인 기능만을 가지게 되었다. 하지만 관람객은 이 아치를 통해 저 아래로 펼쳐진 몽생미셸만을 내려다볼 수 있다.

남쪽 측면에는 수도원 교회로 통하는 문이 있다. 환기창들은 30개의 양초 예배당과 악마의 지하 독방을 밝혀준다. 여기서는 또 라바토리움, 즉 세면장도 볼 수 있다. 수도사들은 여기서 손을 씻은 다음 식당으로 가서 간소한 식사를 하곤 했으며, 여기서는 발을 씻겨주는 의식을 하기도 했다.

동쪽 측면에는 식당과 부엌으로 통하는 두 개의 문이 있고, 북쪽 측면에는 19세기에 몽생미셸 수도원이 감옥으로 사용되었을 때의 흔적이 남아 있다. 말을 잘 안 듣는 범죄자들을 가두기 위해 지붕 밑에 만든 독방이 그것이다.

수도사 식당Réfectoire

경이로운 건물들의 3층에 있는 이곳은 옛날에 수도사들이 식사를 하던 장소다. 두 개의 평행한 벽이 식당을 둘러싸고 있으며, 맨 안쪽에는 수도원에서 가장 중요한 인물인 수도원장의 자리가 있었다. 식당은 안쪽 벽에 뚫린 두 개의 창과 두 개의 벽에 나 있는 높고 가느다란 창들을 통해 빛이 들어와 매우 환하다. 다른 수도사들이 침묵 속에서 식사하는 동안 담당 수도사는 성인전을 읽어주었다. 식당에는 겨울에도 난방하지 않았기 때문에 벽난로가 없다. 식당 바닥에 깔린 포석은 1960년대에 옛날 모델을 참고하여 새로 깐 것이다. 식당에는 수도사들이 먹는 요리와 음식 재료를 쉽게 나를 수 있도록 해주는 화물용 승강기가 있다.

VIP 숙소Salle des Hôtes

지체가 높은 방문객들은 이곳에 머무를 수 있었다. 이 방의 구조는 바로 아래층에 있는 순례자 숙소와 흡사하다. 그러나 이 방을 지을 때 훨씬 더 많은 공을 들였고 세세한 부분까지 신경을 썼다. 엄청나게 큰 벽난로와 화장실이 있고 높은 창문을 통해 햇빛이 들어와 방문객들은 매우 안락하게 지낼 수 있었다. 생 루이와 미남 왕 필리프, 루이 11세, 프랑수아 1세 등 많은 프랑스 왕이 이 방에서 머물렀다.

굵은 기둥들이 있는 지하실La Crypte des Gros Pilliers

바로 위에 있는 수도원 교회의 고딕식 내진을 떠받치기 위해 1446년에 만들어졌다. 이 방이 예배 장소로 쓰이지 않은 것은 분명해 보인다. 심문이 이루어지는 교회 재판소로 통하는 문이 있는 것으로 보아, 피고의 대기실로 사용되었으리라 짐작한다.

생마르탱 지하 예배당La Crypte Saint-Martin

수도원 교회 가로 회랑의 남쪽 측면을 떠받치기 위해 1030년에서 1040년 사이에 지어졌다. 그 이후로 단 한 번도 개축이나 보수가 이루어지지 않았기 때문에 원래의 모습을 그대로 유지하고 있다.

유골 안치소Ossuaire

12세기에 건설. 수도사들의 묘지였으며, 안쪽 큰 계단을 떠받쳐 준다. 이곳에 있는 거대한 바퀴는 묘지와는 전혀 관련이 없다. 이 바퀴는 수도원이 감옥으로 쓰였던 1820년경에 수감자들의 식량을 끌어올리기 위해 설치된 것이다.

생테티엔 예배당 La Chapelle Saint-Étienne

12-13세기에 건설. 수도사들의 장례 예배를 드리던 예배당이다. 수도사들의 시신은 15세기의 피에타 상이 있는 얕은 아치 아래 안치되었다. 받침돌에는 그리스어의 첫 글자인 알파와 마지막 글자인 오메가가 새겨져 있는데, 이 두 글자는 신을 상징한다.

북남 계단 L'escalier nord-sud

11세기에 건설. 이 계단은 생테티엔 예배당과 맞닿아 있으며, 수도원 교회의 남쪽 측랑으로 이어진다.

노트르담수테르 교회 L'église Notre-Dame-sous-Terre

10세기에 건설. 노트르담수테르 교회는 몽생미셸에서 가장 오래되고 가장 신성한 장소다. 10세기 초, 몽생미셸에서는 밀려드는 순례자들을 수용하기에는 너무 좁은 오베르 성인의 기도실(8세기에 건설)을 대신할 예배당을 지었다. 그 후로 몽생미셸 수도원은 규모가 커져 확장되었는데, 그 과정에서 많은 건물이 파괴되고 재건축되었다. 하지만 일부 건물은 그대로 보존되었다. 노트르담수테르 교회가 바로 그런 경우다.

수도사들의 산책장 Le Promenoir des Moines

11-13세기까지 건설. 이 공간의 기능은 확실하지

않다. 로마네스크식 수도원의 현관이나 필사실, 독서실이나 회의실이었을 수도 있다. 아니면 식당이었을 가능성도 있다.

기사들의 방La Salle des Chevaliers

13세기에 건설. 경이로운 건물들의 2층에 있다. 이름만 기사들의 방이지 기사들과는 아무 관련이 없다. 이 방의 이름이 기사들의 방인 것은, 루이 11세가 생미셸 기사단을 설립했기 때문이다. 사실 이곳은 수도사들의 필사실로, 수도사들이 이곳에서 수고를 베껴 쓰고 그것을 문자와 모티브, 삽화 등으로 장식하였다. 겨울에는 필사 수도사들의 손가락이 곱지 않도록 난방을 하기 위해 큰 벽난로를 설치했고, 그들이 환한 빛 아래서 세심하게 작업할 수 있도록 북쪽과 서쪽에 큰 창을 냈다. 이 방은 전형적인 노르망디 식 고딕 양식으로 지어졌고, 기둥머리가 정교하게 장식되어 있다.

순례자 숙소Aumônerie

13세기에 건설. 몽생미셸만을 건너느라 온몸이 차가운 바닷물에 젖은 순례자들은 이 방에서 약간의 온기와 위안을 얻고 허기를 채웠다. 이 방의 남서쪽 모퉁이에는 요리를 내보내는 창구가 있어서, 수도사들이 순례자들과 함께 먹는 음식을 부엌에서 내려보낼 수 있었다. 또 북쪽에 나 있는 창문을 보면 창틀을 끼운 벽의 바깥쪽이 벌어지게 만들어 놓았는데, 이것은 쓰레기를 밑으로 떨어지게 하는 통로다.

지하 저장실Cellier

13세기에 건설. 지하 저장실은 옛날에 아주 중요한 방이었다. 이곳에 식량과 음료를 저장했기 때문이다. 북쪽 벽에 나 있는 좁은 창들을 통해서만 빛이 조금씩 흘러들어 오기 때문에 늘 어둡고 서늘해서 수도사들과 순례자들이 먹을 식량을 저장하기에 안성맞춤이었다. 식량은 바다를 통해 도착하여 이 방에 설치된 도르래를 통해 방으로 올라왔다. 지하 저장실은 2014년에 서점으로 바뀌었다.

베르사유궁 – Parterre d'Eau, 78000 Versaille

베르사유궁은 파리에서 남서쪽으로 35킬로미터가량 떨어진 도시 베르사유에 있는 궁전이며, 베르사유는 '땅'이라는 뜻이다. 루이 14세와 15세, 16세, 세 명의 왕이 1682년에서 1789년까지 이 궁전에 살며 프랑스를 다스렸다.

그런데 루이 14세(1638-1715)는 왜 파리에서 베르사유로 왕궁을 옮기게 된 것일까? 1638년생인 루이 14세가 열 살 때인 1648년, 프롱드의 반란이 일어난다. 귀족들과 파리 시민들이 왕권에 저항하여 일으킨 이 반란은 5년 동안 계속되었고, 루이 14세는 어린 나이에 두 번이나 파리 밖으로 도망쳐야만 했다. 이때 그는 파리 시민들에 대한 두려움과 이 반란을 주도한 귀족들을 장악해야 할 필요성을 동시에 느꼈을 것이다. 또한 '위대한 프랑스 왕'이라는 자신의 지위에도 어울리고 큰 규모의 파티도 열 수 있는 더 웅장한 궁전을 원했던 루이 14세는 베르사유에 궁전을 짓기로 한다.

그리하여 건축가 망사르는 대규모 토목공사를 벌였고, 정원 설계사 르노트르는 자연을 완전히 개조하여 드넓은 정원을 만들었으며, 왕의 화가 르브룅은 궁전의 실내장식을 담당하여 여러 가지 색깔이 배합된 대리석과 천장화들로 궁 내부를 아름답고 화려하게 장식하였다.

오직 루이 14세를 위해 지어진
위대한 건축물

1682년, 드디어 프랑스 궁정이 베르사유궁에 자리 잡는다. 루이 14세가 마흔네 살 때로 그의 통치 중반기에 해당한다. 왕비인 마리-루이즈가 이 해에 죽고, 수상인 콜베르도 같은 해에 세상을 떠났다. 거울의 방은 한창 공사 중이었다. 궁궐의 북쪽 부분에 있는 건물은 1689년에야 완공되고, 그랑 트리아농궁의 실내장식은 그다음 해가 되어서야 끝난다. 또 왕의 방은 1701년에, 왕의 예배당은 1710년에야 만들어진다.

대외적으로는 1678년에 니메그 조약이 맺어져 6년을 끌어온 네덜란드와의 전쟁이 끝나나 싶었지만, 다시 1688년에 아우구스부르크 연맹 전쟁이 일어나 프랑스는 9년 동안 네덜란드와 스페인, 이탈리아 등과 전쟁을 치르게 된다. 어쨌든 그사이에도 공사는 계속되지만, 전반적으로 건설에 대한 열기는 줄어들고 루이 14세의 호사 취미도 시들해진다. 게다가 1701년에 일어난 에스파냐 계승 전쟁이 무려 13년 뒤인 1714년이 되어서 끝나는 바람에 루이 14세 통치 초기의 화려한 파티 시대는 막을 내린다.

물론 1697년에 루이 14세의 손자인 루이 드 프랑스(이 사람의 막내아들이 루이 15세가 된다)가 젊고 쾌활한 마리-아들레이드 드 사부아와 결혼하면서 궁정은 다시 활기를 찾지만, 그것도 잠시였다. 루이 14세는 베르사유궁보다는 마를리궁에 머무는 시간이 많아졌고, 큰아들과 루이 드 프랑스, 그의 아내 등 왕족들이 연이어 죽는 바람에 베르사유궁의 분위기는 우울해져 갔다.

1715년 루이 14세가 죽었을 때 루이 15세(1710-1774)는 다섯 살이었다. 이에 필리프 도를레앙은 7년간 파리의 팔레르와얄에서 섭정을 했고, 이 동안 프랑스 궁정은 베르사유궁을 떠나 있었다. 이후 베르사유궁으로 돌아온 루이 15세는 천편일률적인 공식 생활에 점점 더 싫증을 내면서 별도의 공간을 만들어 가족들이나 친한 사람들과 시간을 더 자주 갖는 한편, 다른 성에서 더 오랜 시간을 보냈다. 또한 베르사유궁 근처의 그랑 트리아농궁에 자주 머무르며, 근처에 프랑스식 정원을 조성하고 동물원과 식물원을 만들어 식물 채집에 몰두했다. 또 애인이었던 퐁파두르 부인의 권유에 따라 프티 트리아농궁도 지었다.

왕이 공식적인 종교 행사에 잘 참여하지 않으면서 프랑스 왕은 더 이상 신성시되지 않았다. 게다가 7년 전쟁에서도 패하고 왕의 암살이 기도되는 등 악재가 겹치자 귀족들은 베르사유궁을 버리고 다시 파리로 돌아가려는 움직임을 보인다.

형식에 틀어박힌
궁정 생활을 싫어했던 왕과 왕비

1774년 루이 15세가 죽고 그 뒤를 손자 루이 16세 (1754-1793)가 이어받았다. 루이 16세는 전임 왕과 크게 다를 바 없었지만, 이번에는 마리-앙투아네트가 문제였다. 시대에 뒤떨어진 의식과 에티켓이 왕비를 짜증 나게 한 것이다. 자연적인 것을 추구하는 시대에 기계처럼 돌아가는 궁정 생활은 그녀의 눈에 혐오스럽고 우스꽝스러워 보였다. 그래서 그녀는 에티켓을 단순화하고, 내실로 친한 친구들만 불러들이며, 프티 트리아농궁과 마리-앙투아네트의 촌락에서 점차 많은 시간을 보내게 된다.

소심한 성격의 루이 16세도 공식적인 의전을 안 좋아해서 귀족들은 화요일과 일요일에만 베르사유궁에 모습을 나타낸다. 그러면서 베르사유궁은 현실 세계에 등을 돌린 인위적 세계가 되어 사실이든 아니든 수많은 비난과 스캔들에 시달려야 했다. 위대한 프랑스 왕처럼 행동하는 것이 아니라 어디서나 볼 수 있는 개인처럼 행동하는 루이 16세와 마리-앙투아네트를 위해 그 엄청난 돈을 쓰는 것이 과연 합당한가? 사람들은 의문을 품었다.

그리고 운명의 1789년 10월, 파리 시민들은 루이

16세와 마리-앙투아네트를 창과 총검으로 위협하며 파리로 끌고 갔다. 그렇지만 베르사유궁은 약탈당하거나 파괴되거나 불타지 않고 왕관이나 백합꽃, 숫자 등 왕권을 상징하는 것만 제거되고 가구는 공매되었을 뿐이다. 그리고 혁명정부는 텅 빈 베르사유궁을 국가 문화재로 지정하여 보존했다.

나폴레옹은 트리아농궁에 잠시 살았고, 왕정을 복고시킨 부르봉 왕가는 베르사유궁에 아예 관심조차 없었다. 그 뒤에 프랑스를 다스린 루이 필리프 왕은 이 궁전을 보존하고 싶어서 프랑스 역사박물관으로 변모시켰다. 프러시아의 비스마르크는 1871년 '거울의 방'에서 독일제국을 선포했고, 1919년에는 같은 장소에서 '베르사유 조약'이 조인되기도 했다.

루이 14세 시대에는 베르사유궁으로 들어가려면 3개의 마당을 통과해야만 했다. 첫 번째는 루이 14세의 청동 조각상이 서 있는 마당인데 누구든지 이곳에는 들어올 수 있었다. 이 앞마당을 지나면 '왕의 울타리'라고 불렸던 황금색 울타리가 나타난다. 최초의 철책은 혁명 때 파괴되었고, 2008년 5백만 유로를 들여 7톤의 쇠에 금종이 10만 장을 붙여 새로 만들었다. 이 왕의 울타리 뒤에는 왕의 마당이 있다. 이곳은 왕의 사촌이라고 불리는 공작, 후작, 백작 등 작위를 가진 귀족들만 마차나 가마를 타고 들어갈 수 있었다. 왕의 마당을 지나 계단을 오르면 대리석 마당이 나타난다. 이 마당에서 정면으로 보이는 3층 건물의 2층이 바로 왕의 침실이었다. 눈을 들면 이 건물 꼭대기에 거대한 시계가 보인다. 시계 한가운데에는 아폴론 신이 빛을 퍼트리고 있으며, 시침 끝부분에는 부르봉 왕가를 상징하는 백합꽃이 달려 있다. 시계 오른편에는 전쟁의 신인 마르스가, 왼편에는 헤라클레스가 자리잡고 있다.

베르사유궁 안으로 들어가서 가장 먼저 보게 되는 것이 바로 **왕의 예배당**La Chapelle Royale이다. 이 예배당은 2층으로 되어 있는데, 아래층에서는 일반 신자들이 예배를 보았고, 2층 입구 쪽에는 왕을 비롯한 왕족들이 자리를 잡았다. 루이 14세는 여기서 매일 10시부터 1시간 동안 예배를 드렸다. 바로 여기서 루이 16세가 될 열다섯 살의 황태자와 열네 살의 마리-앙투아네트가 결혼식을 올렸다.

2층으로 올라가 다시 왕의 예배당을 지나면 **헤라클라스의 방**Le salon d'Hercule이 나타난다. 이 방에는 루브르 미술관의 〈모나리자〉 건너편에 걸려 있는 〈가나의 혼인 잔치〉를 그린 이탈리아의 위대한 화가 베로네세의 그림이 두 점 걸려 있다. 벽난로 위의 그림은 〈엘리저와 레베카〉(1580)다. 주인 아브라함으로부터 아들

왕의 예배당

이삭의 신부감을 찾아오라는 명을 받은 하인 엘리저가 아버지의 양떼들에게 먹일 물을 긷고 있는 레베카를 만나는 장면이다.

맞은편에 걸려 있는 그림은 〈시몬 집에서의 식사〉(1576)로, 신약성경의 마태복음 26장에 등장하는 장면이다. 예수가 나병에 걸린 시몬의 집에 갔을 때 한 여자가 매우 귀한 향유를 예수의 머리에 부었다. 제자들이 이걸 보고 분개한다. 그러자 예수는 이 여자가 내 몸에 이 향유를 부은 것은 내 장례를 위한 것이니 그녀를 탓하지 말라고 말한다. 이 그림은 원래는 베니스의 한 수도원 식당에 걸려 있었으나 베니스 공화국이

프랑수아 르모인, 〈헤라클라스, 신이 되다〉(부분), 1731-1736년

1664년 터키의 침략으로부터 자기 나라를 지켜준 데 감사하는 뜻으로 루이 14세에게 선물했다.

자, 이제 천장을 한번 올려다 보라. 프랑스 화가 프랑수아 르모인이 열두 가지의 시련을 거친 헤라클레스가 올림푸스산에서 신이 되는 장면을 그린 〈헤라클라스, 신이 되다〉L'Apothéose d'Hercule이다. 헤라클레스는 곧 프롱드의 난이라는 시련을 극복하고 왕이 된 루이 14세를 상징한다. 142명이 등장하는 이 그림을 그린 르모인은 왕의 수석화가였으나 3년 동안 이 그림을 그리느라 건강을 해쳤고 아내까지 세상을 떠나자 결국 미쳐서 마흔에 스스로 목숨을 끊었다고 한다.

행성의 이름을 딴
왕의 방들

1671년에서 1680년 사이에 지어진 두 번째 방부터 일곱 번째 방까지는 **왕의 방**Le Grand Appartement du Roi 으로 불린다. 말하자면 각종 의식이나 파티 등 왕이 공식적인 활동을 하는 장소였다. 방마다 행성의 이름이 붙여져 있고, 마지막 방은 루이 14세를 상징하는 아폴론의 방으로 불린다.

맨 먼저 **풍요의 방**Le salon de l'Abondance이 나타난다. 파티가 벌어지면 이곳에 식탁이 차려지고, 식탁에 커피나 초콜릿, 각종 음료, 아이스크림, 과일주스 등을 올려놓았다. 천장에 〈왕의 배〉라고 불리는 그림이 보인다. 그림에 그려진 술잔을 왕의 식탁에 올려놓으면 손님들은 식탁 앞을 지나갈 때마다 절을 해야 했다. 왕을 상징하는 저 술잔 속에는 왕의 냅킨을 넣어두었고, 루브르 미술관의 아폴론 갤러리에 가면 이 술잔을 실제로 볼 수 있다.

다음은 **금성의 방**Le salon de Vénus이다. 이 방에서는 파티가 열릴 때마다 식탁에 생과일이나 설탕에 절인 오렌지 같은 귀한 과일을 피라미드 모양으로 쌓아 올려놓았다고 한다. 천장에는 우아쓰라는 화가가 그린 〈신들을 복종시키는 비너스신과 위대한 인간들〉

이라는 그림이 그려져 있다. 그리고 천장과 벽이 만나는 네 귀퉁이에는 〈알렉산더 대왕과 록산느의 결혼〉과 〈바빌론의 정원 앞에 있는 나부코도노소르와 아미티스〉, 〈로마에서 서커스를 주재하는 아우구스티누스 황제〉, 〈키루스와 만다네〉가 그려져 있다.

그다음은 **달**(다이애나)**의 방**Le salon de Diane이다. 17세기에는 이 방에 당구대가 있었다. 원래 이 방 양쪽에는 계단석이 있어 귀부인들이 앉았고, 이들은 루이 14세가 왕족의 스포츠였던 당구 경기에서 점수를 얻을 때마다 박수치며 환호했다. 그래서 '박수갈채의 방'으로 불리기도 했다.

이 방에서 주목할 것은 루이 14세의 스물여덟 살 때 반신상인데, 이탈리아 조각가 베르니니가 1665년에 조각했다. 〈성 테레사의 법열〉이라는 걸작을 조각한 베르니니는 루브르궁을 설계해달라는 루이 14세의 부탁을 받고 파리에 왔으나 프랑스 작가들의 방해로 결국 1년 만에 이탈리아로 돌아갔다. 그가 프랑스에 남긴 유일한 예술품이 바로 이 조각상이다. 루이 14세는 이 조각을 보고 크게 감탄했다고 한다.

그다음은 **화성의 방**Le salon de Mars이다. 이 방에서 왼쪽에 걸려 있는 그림은 프랑스 화가 샤를 르브룅의 〈다리우스의 막사〉이고, 오른쪽에 걸려 있는 그림은 이탈리아 화가 베로네세의 〈엠마우스의 순례자들〉이

라는 작품이다. 이렇게 비슷한 크기의 프랑스 그림과 이탈리아 그림을 함께 걸어놓은 것은, 이제는 프랑스 회화도 이탈리아 회화의 수준에 올랐다는 것을 과시하기 위해서다. 초상화에 그려진 인물은 루이 16세.

그다음은 **수성의 방**Le salon de Mercure으로, 파티할 때 게임을 하는 방이었다. 침대 왼쪽에는 매시간 수탉 다섯 마리가 날개를 치며 울어대면 루이 14세의 조각상이 나타나는 자동장치 시계가 보인다. 바로 이 침대에 루이 14시대의 시신이 안치되어 있었다. 원래 이 방에는 라파엘이 그린 〈용을 쓰러트리는 미카엘 성인〉이라는 그림이 걸려 있었으나 루브르 미술관으로 옮겨졌다.

다음은 **아폴론의 방**Le salon d'Apollon. 처음에는 왕의 방으로 쓰여 루이 14세가 1673년부터 사용했고, 그 뒤에는 높이가 2미터 60센티미터나 되는 왕좌의 방이 되었다. 오른쪽 벽난로 위에 우리 눈에 익은 그림 한 장이 걸려 있는데, 리고라는 화가가 그린 〈루이 14세의 초상화〉두 번째 버전이다(첫 번째 버전은 루브르 미술관에 있다).

왕의 방을 지나면 **전쟁의 방**Le salon de la Guerre이 있다. 원래는 왕이 국무회의를 열던 방이었다. 둥근 천장에는 백합꽃이 수놓아진 망토를 입은 프랑스가 승리의 여신들에게 둘러싸여 있다. 벽난로는 웅장한 장식예술의 훌륭하고도 드문 예로, 코아제보라는 조각

전쟁의 방에 있는 벽난로 장식

가가 만들었다. 나팔을 부는 어린아이, 전리품, 전쟁의 참화, 묶여 있는 노예는 이 방이 전쟁의 방이라는 것을 잘 보여준다.

베르사유궁을 대표하는 장소를 왜 거울로 장식했을까?

드디어 너무나 유명한 **거울의 방**La galerie des Glaces이다. 길이가 73미터, 폭이 10.5미터인 이 방은 17개의 아치형 거울이 17개의 창문을 마주 보고 있어서 오후에 해가 넘어가면 창문을 통해 들어온 햇빛이 거울에 반사되어 장관을 이룬다. 그 당시 거울은 쉽게 만들거나 구하기 힘든 매우 귀한 물건이었다. 수상이었던 콜베르는 유리를 다루는 기술에서 우위를 점했던 베니스에 맞서기 위해 유리공장을 설립, 크기도 크고 품질도 좋은 거울을 만들어 내는 데 성공하였다. 이 방에 있는 유리는 모두 프랑스에서 만들어진 것이다. 천장에는 화가 르브룅이 루이 14세의 업적을 그린 그림 30점(주요한 주제는 네덜란드 정복이다)이 1,000제곱미터에 걸쳐 펼쳐져 있다.

이 방은 역사의 현장이기도 하다. 루이 14세는 제네바 총독이나 타이 대사, 페르시아 왕 등의 국빈들을 이 방에서 알현했다. 또 루이 16세와 마리-앙투아네트의 결혼식 날 밤에 가면무도회가 열리기도 했다. 그리고 유명한 '마리-앙투아네트의 목걸이 사건'에 연루된 로안 대주교가 루이 16세의 명에 따라 체포된 곳이기도 하다. 1871년에는 프랑스와의 전쟁에서 승리한 독일이 이곳에서 독일제국을 선포했고, 복수할 기회를 노리던 프랑스도 바로 같은 장소에서 1919년에 연합국과 함께 독일과 베르사유 조약을 맺어 1차 세계대전을 종결짓기도 했다.

다음에 볼 방은 **국정회의실**Le cabinet du Conseil이다. 이 방은 100년 이상 프랑스 정치의 무대였다. 왕은 여기서 11시에서 오후 1시까지 장관들과 함께 국사를 논했다. 1775년, 프랑스가 미국독립전쟁에 참전한다

거울의 방

국정회의실

는 결정이 내려진 곳도 바로 이 방이다.

　이 국정회의실과 이어져 있는 **왕의 방**La Chambre du Roi은 그 당시의 모습이 유일하게 보존되어 있다. 온통 금색인 이곳은 베르사유궁 한가운데 있다. 즉 프랑스 왕의 방은 베르사유궁의 중심일 뿐만 아니라 세계의 중심이라는 걸 표현한 것이다.

　루이 14세는 '왕의 잠자리에서 일어나기 의식과 왕의 잠자리에 들기 의식'을 완전히 정착시켰고, 이 의식은 루이 16세 때까지 계속되었다(이 절대군주는 이 방에서 1715년 9월 1일 죽었다). 아침 8시 반이 되면 제1 시종이 침대 커튼을 젖히고 말한다. "폐하, 일어나실 시간이 되었습니다." 그러면 왕의 유모가 가장 먼저 와서 왕을 포옹하고, 이어서 의사가 나타나 왕의 건강 상태

금색으로 장식된 왕의 방

를 살핀다. 그러고 나면 식사 담당 시종이 아침 식사로 죽을 가져온다. 식사가 끝나면 제1시종이 왕을 문안하러 온 귀족들의 이름을 왕에게 알려주고, 이 귀족들은 계급순으로 왕을 알현한다.

다음에 나타나는 것은 왕의 두 번째 부속실로, **황소 눈깔의 방**Le salon de l'OEil-de-Bœuf이라고 불린다. 좌우측의 벽 윗부분에 황소 눈처럼 생긴 타원형 창이 뚫려 있기 때문이다. 앞에 보이는 그림은 루이 14세 때 왕족들을 올림포스산에 사는 신과 여신들의 모습으로 그린 것이다. 당연히 루이 14세는 아폴론 신으로 그려져 있다. 그런데 사실 루이 14세는 이미 35세 때 대머리였으니, 이 그림이랑은 어울리지 않는다.

이 방에서 나가면 루이 14세가 왕비인 마리 테레

즈를 위해 만든 왕비의 방들이 나타난다. 그 당시로 보면, 원래는 이 방들을 다 지나면 나타나는 '왕비의 계단'을 통해 올라와야 했지만, 지금은 역순으로 따라가 본다.

처음 볼 수 있는 것은 **평화의 방**Le salon de la Paix이다. 이 방의 천장에는 르브룅이 그린 〈평화의 여신에게 각 나라로 내려가라고 왕홀로 명령하는 프랑스〉가 그려져 있다. 또 벽난로 위에는 헤라클레스의 방 천장화를 그린 르모인이 〈유럽에 평화를 안겨주는 루이 14세〉와 〈불화를 이겨내고 승리하는 풍요와 동정의 신〉을 그렸다. 이 방에서는 루이 15세의 레진스카 왕비가 매주 일요일 음악회를 열었고, 마리-앙투아네트 왕비는 이런저런 놀이를 했다.

평화의 방과 이어져 있는 **왕비의 방**La chambre de la Reine에서는 세 명의 왕비가 살았고, 그중 두 명(마리 테레즈와 마리 레진스카)이 죽었다. 여기에서 루이 15세를 포함, 열아홉 명의 왕자와 공주들이 태어나기도 했고, 왕이 이 방으로 왕비를 찾아와 동침했다고 한다. 천장을 조각조각 나누어놓은 것은 루이 14세의 왕비 마리 테레즈다. 루이 15세의 왕비 레진스키는 이 방을 개조하고 실내장식을 여러 번 바꾸었다.

평화의 방으로 통하는 문 위에는 〈두 명의 공주(루이 15세의 딸인 아델라이드와 빅트와르)를 프랑스에 소개하는

왕비의 방

젊음과 미덕의 여신〉이, 그 반대쪽 문 위에는 〈왕자 루이와 공주 엘리자베트와 앙리에트를 프랑스에 소개하는 영광의 여신〉이 그려져 있다. 천장과 벽의 이음부에는 루이 15세 시대 최고의 화가인 부세가 1735년에 금색과 회색으로 〈왕비의 네 가지 미덕(풍요, 성실, 신중, 자애)〉이라는 그림을 그려놓았다.

황태자비 마리-앙투아네트는 바로 이처럼 장식된 이 방에서 잠을 자기 시작했다. 높은 거울 위를 보면 타피스리 기법으로 그려진 둥근 초상화들이 있는데, 어머니인 황후 마리 테레즈와 오빠인 게르만제국 황제 조제프, 남편인 루이 16세다. 1786년부터는 이 방의 현대화가 시작되어 대리석 벽난로를 설치하고 여름용 가구들도 새로 들여놓았다. 그러나 마리-앙투아네트는 1789년 혁명이 일어나자 파리에서 몰려온 폭도들을 피해 왼쪽에 있는 문을 통해 프티 트리아농궁의 동굴로 도망쳤다. 그리고 다시는 이 방에 돌아오지 못했다. 벽난로 위에 있는 마리-앙투아네트의 조각상은 그녀가 스물여덟 살 때의 모습이다.

지금 우리가 보는 왕비의 방은 1789년 10월 6일 당시의 모습으로 복원되어 있다. 그리고 왼쪽의 보석함은 혁명이 일어나고 경매로 팔렸던 것을 다시 회수해서 가져다 놓은 것이다.

왕비의 방을 지나면 나타나는 **귀족들의 방**Le salon des Nobles은 왕비의 알현실이자 집무실이다. 상상력을 발휘해 보자. 왕비는 소파에 앉아 있고, 작위를 가진 귀부인들은 접이식 의자에 앉아 왕비를 둥그렇게 둘러싸고 있다. 왕비를 모시는 시녀가 들어와 누구누구가 왕비를 알현하기를 청한다고 알린 다음 뒷걸음질치며 무릎을 꿇고 세 차례 절하면 왕비는 매번 고개를 끄덕여 답례한다.

식사의 방L'antichambre du Grand Couvert에서 식사를 할 때는 왕과 왕비, 왕의 가족만 식탁에 앉고 지체 높은 귀족은 접이식 의자에 앉았다고 한다. 1764년 마리 레진스카 왕비는 식사 내내 여덟 살 먹은 한 소년과 독일어로 대화를 나누었는데, 이 아이가 바로 모차르트였다! 마리-앙투아네트는 이런 식으로 식사하는 것을 안 좋아해서 아예 장갑도 안 벗고 그냥 곡만 연주하게 했다고 전해진다.

　이 방에서 단연 눈에 띄는 그림은 〈마리-앙투아네트의 가족 초상화〉Marie-Antoinette et Ses Enfants이다. 이 그림에는 마리-앙투아네트와 그녀의 세 아이가 그려져 있다. 맨 왼쪽에 있는 아이는 큰딸인 마담 르와얄이다. 맨 오른쪽에 서 있는 아이는 1781년에 태어난 둘째 아이 루이 조제프인데, 왕위를 물려받게 될 황태

엘리자베트 비제-르브룅
〈마리-앙투아네트의
가족 초상화〉
1787년, 104×82cm

자였지만 1789년에 죽는다. 그리고 엄마 품에 안겨 있는 것이 장차 루이 17세가 될 아이인데 역시 프랑스 혁명이 일어난 뒤에 죽는다. 요람이 비어 있는 것은 마리-앙투아네트의 마지막 아이인 소피 베아트릭스가 이 그림을 그리던 도중에 죽었기 때문이다.

마리-앙투아네트가 이 그림을 그리도록 한 이유는 전해에 벌어진 목걸이 사건으로 떨어진 자신의 대중적 인기를 회복시키기 위해서였다. 그래서 저렇게 아이들과 함께 자애로운 어머니의 모습으로 나타난 것이다. 하지만 2년 뒤 프랑스 혁명이 일어난다.

왕비 호위대의 방 La salle des Gardes에서는 열두 명의 호위대원들이 밤낮으로 왕비를 지켰다. 1789년 10월 6일 새벽, 그중 한 명이 "왕비를 구하라!"라고 소리치고 폭도들에게 죽임을 당했다. 그 소리를 들은 왕비의 하녀는 문을 걸어 잠그고 왕비를 피신시켰다고 한다.

마지막으로 **대관식의 방**La salle du Sacre이 있다. 원래 이 방은 경호실이었는데 루이 필리프가 나폴레옹에게 바치는 방으로 만들었다.

왼편에는 자크-루이 다비드가 그린 유명한 그림 〈나폴레옹 1세 황제와 조세핀 황후의 대관식〉이 있다. 다비드는 루브르 미술관에도 걸려 있는 이 그림을 1808년에 그리기 시작, 망명 중이던 브뤼셀에서 1822년에 끝냈다.

오른편에는 역시 다비드가 그린 〈독수리 깃발을 나눠준 뒤에 행하는 군대의 나폴레옹에 대한 맹세〉다. 여기서 나폴레옹은 제국을 상징하는 독수리 깃발을 군 지휘관들에게 나눠주고, 지휘관들은 나폴레옹에게 충성을 맹세한다. 원래 다비드는 그림 윗부분에 승리의 여신이 월계관을 군인들에게 나눠주는 장면을 그렸는데, 나폴레옹이 실제로 있었던 일이 아닌 것은 그리지 말라고 해서 뺐다고 한다. 그리고 조세핀은 실제로는 이 장면에 등장했었지만, 이 그림을 그릴 당시에는 이미 이혼을 해서 뺐다.

앞에 보이는 그림은 그로라는 화가가 그린 〈아부키르 전투〉다. 아부키르는 지중해에 면한 이집트 도시다. 1799년 7월 영국군 함대의 지원을 받은 오토만 군대가 이 도시를 점령했고, 나폴레옹이 지휘하는 프랑스군은 이 도시를 점령하기 위해 전투를 벌였으나 성공하지 못했다. 바로 그때 터키군 지휘관 무스타파 파샤가 성에서 나오더니 다치거나 죽은 프랑스 병사들의 목을 잘랐다. 이에 격노한 프랑스군은 분기탱천, 다시 전투를 시작하여 파샤를 생포했고, 그의 손가락 3개를 잘라낸 다음 이렇게 말했다. "또다시 까불면 그때는 손가락이 아닌 더 중요한 부위를 잘라버리겠다." 살아남은 터키 병사 4천 명은 영국 함대로 돌아가다가 다 빠져 죽었다고 한다. 나폴레옹 군은 이 전투를

끝으로 이집트 원정을 성공리에 마쳤다.

온종일 꽃향기가 가득했던
그랑 트리아농궁

그랑 트리아농궁은 루이 14세가 망사르를 시켜 1687년
에 짓게 했는데, 외부가 장밋빛 대리석으로 되어 있어
서 '대리석의 트리아농'이라고도 불렸다. 앞마당과 궁
궐, 정원, 분수 등으로 이루어져 있으며, 기둥들이 서
있는 '페리스틸'이라는 이름의 긴 회랑이 두 개의 건
물을 연결하고 있는 모양새다. 오른쪽 건물은 다시 트
리아농수브라고 불리는 건물과 이어져 있다.

궁전 북쪽에는 프랑스식 정원이 펼쳐져 있고, 이
정원에서 왼쪽으로 걸어 나가면 대운하와 연결되어
17세기에는 왕이나 여왕이 베르사유궁을 내려와 운
하 동쪽 끝에서 배를 타고 이 궁전으로 건너오기도 했
다. 그랑 트리아농궁에서는 루이 14세와 러시아의 표
도르 1세, 마리 레진스카 왕비, 나폴레옹, 조세핀 등이
살았고 보다 최근에는 드골 대통령이나 미국의 닉슨
대통령, 영국의 엘리자베스 2세 여왕이 머무르기도
했다.

루이 14세가 이 궁전에서 잠을 자기 시작한 것은
1691년 7월부터다. 그 당시 한창 아우구스부르크 동

맹 전쟁을 치르고 있던 탓에 돈이 없어 그랑 트리아농 궁은 대리석으로 화려하게 장식된 외부와는 달리 내부는 사치스럽게 장식하지 못했다. 대신 수천 개의 화분을 궁전 안에 놓아두되, 꽃향기가 온종일 배게 화분을 하루에 두 번씩 교체했다고 한다. 루이 14세는 왕족이나 귀족 등을 이곳에 정기적으로 불러 저녁 식사를 대접하곤 했는데, 궁정을 통제하기 위해서였다.

그랑트리아농궁 정원

마리-앙투아네트의 내밀한 공간
프티 트리아농궁

루이 15세는 그랑 트리아농궁을 별로 마음에 들어 하지 않은 데다가 첩인 퐁파두르 부인의 청에 따라 그랑 트리아농궁 동쪽에 프랑스식 정원을 조성하고 정원이 내려다보이는 신고전주의 양식의 네모난 성을 짓도록 했다. 이렇게 탄생한 프티 트리아농궁의 준공 테이프는 정작 퐁파두르 부인이 아니라 1769년, 그녀의 뒤를 이은 새로운 첩인 뒤바리 백작 부인이 끊었다.

할아버지의 뒤를 이은 루이 16세는 아내 마리-앙투아네트에게 이 궁을 선물했고, 베르사유궁의 답답

프티트리아농궁

하고 번잡한 분위기에 질려 있던 그녀는 이곳을 자신의 내밀한 공간으로 바꿔 놓았다. 연극을 공연하는 극장을 짓고 좀 더 자연 친화적인 영국식 정원을 조성하도록 한 것이다. 그녀의 명을 받은 건축가 리샤르 믹크는 산책길 여기저기에 전망대와 사랑의 사원, 동굴, 인공 바위산 등을 만들었다. 어린 시절을 알프스산맥에서 보낸 마리-앙투아네트가 그때의 추억을 되살리도록 하기 위해서였다.

프티 트리아농궁에 들어가서 **경호원들의 방**을 지나면 현관이 나타나고 현관 오른편에는 **당구실**이 있다. 이 방에는 원래 루이 15세의 당구대가 있었으나, 마리-앙투아네트가 2층의 작은 식당으로 옮기도록 했다. 지금 놓여 있는 것은 장교들의 당구대다.

그다음에 볼 수 있는 **은그릇의 방**에는 마리-앙투아네트와 그녀의 시누이들이 쓰던 은그릇과 자기, 예배용 금은 세공품들이 진열되어 있었다.

이 은그릇의 방 다음에 있는 방에는 원래 루이 15세의 계단이 있었다. 2층으로 이어지는 이 계단은 매우 사적인 용도로 쓰여서 오직 루이 15세만 이용할 수 있었다. 왕은 각층 문마다 열기가 무척 힘든 자물쇠를 채워 놓고 열쇠는 자기가 보관했다고 한다. 하지만 이 계단은 마리-앙투아네트의 명령으로 파괴되었다.

이어서 **음식 덥히는 방**을 볼 수 있다. 주방이 멀리 있었으므로 여기까지 음식을 가져온 다음 다시 덥혀 2층의 식당으로 올린 것이었다.

2층으로 이어지는 큰 계단의 층계 난간은 두드려 단단하게 만든 쇠와 금박을 입힌 청동으로 이루어져 있다. 계단에는 마리-앙투아네트의 앞글자를 딴 〈MA〉라는 글자가 보인다. 또 2층 층계참의 벽에는 메두사의 머리가 부조로 새겨져 있다.

2층으로 올라가면 가장 먼저 **부속실**이 나타난다. 이 방에서는 프랑스식 정원으로 곧장 접근할 수 있었다. 여기 걸려 있는 그림은 〈마리-앙투아네트의 가족 초상화〉를 그린 비제-르브룅의 〈장미를 든 마리-앙투아네트〉(1783)다. 처음에 비제-르브룅은 흔히 속옷이나 실내복으로 쓰이는 면 모슬린으로 된 옷을 입은 왕비의 모습을 그려서 살롱전에 출품했다. 하지만 왕비가 이렇게 얇은 옷을 입고 있는 모습을 그렸다며 큰 파문이 일자, 며칠 만에 떼어내고 지금 이 방에 걸려 있는 그림을 다시 그려 전시했다. 이 방에서는 루이 16세와 마리-앙투아네트의 오빠인 조제프 2세의 조각상도 볼 수 있다.

다음은 **큰 식당**이다. 벽에는 이 방에 어울리는 자연의 생산(추수, 낚시, 사냥, 포도 수확)에 관한 그림들이 걸려 있다. 벽난로 위의 조각은 마리-앙투아네트가 스무 살 때 모습이다. 큰 식당에 붙어 있는 **작은 식당**은 원래는 식당이었으나 마리-앙투아네트가 1784년에 이 방에 당구대를 설치했다. 초상화는 퐁파두르 부인이 '아름다운 정원사'로 변한 그림으로, 카를 반 루라는 화가가 1760년에 그렸다(때로는 뒤바리 부인의 초상화가 걸려 있기도 하다).

그다음의 **동아리 방**은 놀이하고 음악을 감상하는 방인데, 특히 마리-앙투아네트 때 그랬다. 벽의 장식판을 보면 루이 15세를 의미하는 두 개의 L이 세 송이의 백합꽃을 둘둘 감고 있다.

왕비의 침실은 원래 루이 15세가 혼자 묵상을 하는 방이었으나 1772년 뒤바리 부인의 침실로 바뀌었고, 다시 마리-앙투아네트의 침실이 되었다. 창문을 통해 멀리 '사랑의 사원'이 보인다. 바로 옆에 붙어 있

마리-앙투아네트의 촌락

는 **작은 방**(규방이라고 부른다)은 왕비가 혼자서만 휴식을 취하도록 하기 위한 방이다.

마리-앙투아네트의 마지막 안식처

마리-앙투아네트의 촌락은 베르사유궁의 꽉 짜인 생활 리듬에서 벗어나 자연 속에서 전원생활을 즐기고 싶어한 마리-앙투아네트의 요구에 따라 1783년에 조성되었으며, 장 자크 루소의 자연주의가 큰 영향을 미쳤다.

이 촌락의 건축을 담당한 리샤르 믹크는 잉어와 곤들매기 등의 물고기를 낚을 수 있는 호수를 인공으로 만든 다음 그 주변에 열두 채의 초가 건물을 지었는데, 마리-앙투아네트가 먹을 우유와 달걀을 생산하는 농가와 등대 모양의 탑, 비둘기 집, 살롱, 헛간, 물레방앗간, 경비대 건물 등이 있다. 각 건물에는 텃밭과 과수 밭, 꽃나무 정원이 곁들여져 있다. 이 마을 한가운데 왕비의 집 두 채가 있으며, 이 두 건물은 긴 테라스로 이어져 있고 집 앞에는 돌다리도 있다. 그리고 이 마을에서 5분가량 걸어가면 양과 거위, 개, 닭, 소, 돼지 등 가축을 키우는 농가가 있다.

마리-앙투아네트는 이곳에 오면 농부 옷으로 갈아

입고 밀짚모자를 쓴 다음 일부러 스위스에서 데려온 송아지와 염소들을 돌보았다고 한다.

이곳에 들어올 수 있는 사람은 오직 마리-앙투아네트가 초대한 여성들뿐이었는데, 그것은 곧 왕비의 총애를 받는다는 사실을 의미하였다. 루이 16세가 이곳을 찾는 일은 거의 없어서 마리-앙투아네트는 이따금 반주에 맞춰 여러 사람 앞에서 노래를 부르곤 했다. 그리고 나면 이들은 함께 금방 짜낸 우유를 마시거나 금방 딴 과일을 먹기도 했다고 전해진다.

그러나 여기서 전원생활을 만끽하기 시작한 지 채 3년도 지나지 않아 프랑스 혁명이 일어나고 1789년 10월 5일 오후, 그녀는 그토록 행복했던 시간을 보낸 이 촌락을 마지막으로 바라보아야만 했다. 루이 16세와 함께 파리로 끌려간 마리-앙투아네트는 1793년 10월 16일 콩코르드 광장에 세워진 단두대에 목이 잘렸다.

:: 파리에서 RER선을 타고 떠나는
인상파의 길

CAMILLE PISSARRO (1830-1903) – ENTRÉE DU VILLAG
Musée d'Orsay, Paris.
Photo R.M.N.

카미유 피사로의 〈브와쟁 마을 입구〉(1872년 50.5×61cm, 오르세 미술관 5층)
복제화가 설치된 인상파의 길

1995년, 파리 북쪽에 있는 일곱 개 시가 힘을 합쳐 '인상파의 길'le Chemin des Impressionnistes을 만들었다. 센강을 따라 나 있는 이 보행자 전용도로를 따라 걷다 보면 인상파 화가들이 그림을 그린 현장을 그림과 함께 볼 수 있다. 파리에서 RER(수도권 고속전철) B선을 타고 종착역인 생제르맹앙레에서 내려 걷기 시작해, 르누아르의 걸작인 〈뱃놀이하는 사람들의 점심 식사〉를 감상한 다음, 뤼에이-말메종역에서 역시 RER B선을 타고 다시 파리로 돌아올 수 있는 이 길은 짧게는 3킬로미터, 길게는 7킬로미터 정도 되는 네 개의 코스('시슬리 코스'와 '피사로 코스', '모네 코스', '르누아르 코스')로 이루어져 있다.

인상파의 길은 튼튼한 신발만 있으면 파리에서 쉽게 접근하여 천천히 걸으면서 숲과 강으로 이루어진 샤투에서 카리에르-쉬르-센 구간(일요일에는 차량 진입이 금지된다) 도로를 따라 나 있고, 또 어떤 길은 자연 속에서 걷게 되어 있다. 산책자는 이 길을 걸으며 루이 14세가 베르사유궁으로 프랑스 궁정을 옮기기 전에 오랫동안 살았던 생제르맹앙레성•, 마를리성과 마를리 정원(루이 14세가 친구들을 위해 지었다), 뒤바리 백작 부인이 살았던 루브시엔성••, 루이 14세 때 마를리궁과 베르사유궁의 정원에 물을 대기 위해 건설한 거대한 펌프장치 '마를리의 기계'를 볼 수 있다.

이곳에서는 시슬리의 〈포르마를리의 홍수〉(1876)나 모네의 〈라 그르누이에르에서의 해수욕〉(1869), 르누아르의 〈라 그르누이에르〉(1869)와 〈뱃놀이하는 사람들의 점심 식사〉(1881) 등의 작품을 볼 수 있다. 19세기 말에 활동했던 이 위대한 화가들은 이 네 코스 어딘가에서 이 같은 걸작을 그려냄으로써 이 지역을 인상파라는 예술운동의 보금자리 중 한 곳으로 만들어냈다.

1874년 봄, 센강에 면해 있는 작은 마을 포르마를리에 홍수가 나자 시슬리는 포도주 가게 앞의 작은 배를 그렸다. 시리즈로 다섯 작품을 더 그린 이 인상파 화가는 이 작품에서 물과 하늘, 빛의 놀이를 놀랍도록 잘 그려낸다. 나무들과 집, 두 남자가 탄 배가 물속에서 이리저리 흔들리고, 그림의 3분의 2를 차지하는 밝은 푸른색 하늘은 흰 구름으로 덮여 있다. 시슬리의 풍경화는 하늘이 주인공이다. 그에 따르면, 하늘은 단순한 배경이 아니다. 이 화가는 하늘이 너무나 중요한 자연요소라고 강조하며 항상 하늘부터 그리기 시작했다. 그의 하늘은 17세기 네덜란드 풍경 화가들의 하늘과 견줄 만하다.

- 루이13세는 이 성에서 죽었고, 루이 14세는 이 성에서 태어났다.
- 프랑스 혁명의 와중에 도둑맞은 다이아몬드와 보석을 찾으러 런던에 갔다 돌아온 그녀는 반혁명분자로 몰려 단두대에 목이 잘렸다.

알프레드 시슬리, 〈홍수 난 포르마를리의 작은 배〉, 1876년
60×81cm, 오르세 미술관 5층 30번 전시실

르누아르의 〈뱃놀이하는 사람들의 점심 식사〉 복제화가 설치되어 있는 인상파의 길
– Ile des Impressionnistes, 78400 Chatou

나는 왜 파리를 사랑하는가

시슬리는 런던에서 영국 화가 존 콘스터블(1776-1837)과 윌리엄 터너(1775-1851)의 작품을 연구했고 큰 영향을 받았다. 프랑스 출신인 그는 1857년에서 1861년까지 영국에서 그림을 배웠을 뿐만 아니라 그 후에도 여러 차례 영국에 머물렀다.

르누아르의 작품 속 장소들

1841년생인 르누아르는 1869년부터 클로드 모네와 함께 파리 북서쪽 크루아시라는 마을에서 그림을 그리기 시작한다. 그 당시 파리지앵들은 생라자르역에서 기차를 타고* 이곳을 찾아왔다. 여기서 그들은 마을 옆을 흐르는 센강에서 보트 놀이도 하고 해수욕도 했으며, 강변에 설치된 '라 그루누이에르'라는 임시 건물에서 춤도 추고 식사도 했다.

여기서 르누아르가 물 위에 반사된 햇빛을 그린 〈라 그루누이에르〉La Grenouillère는 1883년까지 계속될 그의 인상파 시대가 시작된다는 것을 알리는 작품이다. 클로드 모네처럼 그 역시 환한 색깔을 사용하고 터치를 나란히 놓거나 서로 겹쳐서 새로운 시각적 효과를 만들어 낸다. 형태를 만드는 명확한 경계선이 사

• 파리 북서쪽의 생제르맹앙레까지 가는 이 기차 노선은 파리에서 처음 생겼다. 르누아르나 모네도 아마 이 기차를 타고 왔을 것이다.

오귀스트 르누아르, 〈라 그르누이에르〉, 1869년, 66×81cm 스톡홀름 미술관

라지고 전체적 느낌이 표현된다. 이제는 현실을 엄밀하게 그려내는 것이 아니라 시적으로 그려낸다. 르누아르가 한 해 전인 1868년에 그린 〈약혼자들: 시슬리 부부〉Alfred Sisley et son épouse와 비교해 보면 잘 알 수 있다.

이 혁신적인 그림들은 모두 관전官展인 살롱전에서 거부당했다. 그러자 모네와 르누아르, 피사로, 드가, 베

오귀스트 르누아르, 〈약혼자들: 시슬리 부부〉, 1868년
107×75cm, 발라프 리샤르츠 미술관

르트 모리소 등 인상파 화가들은 살롱전을 거치지 않고 자유롭게 자신들의 작품을 전시하기 위해 1874년 제1회 인상파전을 열었다.

1880년 여름은 꽤나 더웠다. 파리지앵들은 라 그루누이에르나 발 데 카노티에르, 푸르네즈 식당처럼 센강 가에 자리 잡은 술집들을 찾아가서 먹고 마시고 춤추고 보트 놀이를 하며 무더위를 피했다. 이 작품에 등장하는 열네 명의 인물들도 보트 놀이를 마치고 함께 푸르네즈 식당 2층 베란다에서 점심을 먹었다. 식사는 거의 끝나간다. 술잔과 반쯤 비워진 술병, 작은 술통, 과일 그릇이 그려진 전경의 정물화가 그 사실을 보여준다.

전경의 왼쪽에 꽃으로 장식된 모자를 쓰고 개를 안고 있는 여성은 장차 르누아르의 아내가 될 알린 샤리고다. 그녀의 바로 뒤에 서 있는 남성은 푸르네즈 식당 주인의 아들인 이폴리트-알퐁스 푸르네즈, 난간에 팔꿈치를 괸 채 검은 모자 쓴 남자가 하는 말을 듣고 있는 여성은 그의 여동생인 알퐁신이며, 등을 돌린 채 말하고 있는 남성은 라울 바르비에 남작이다.

전경 오른쪽의 의자에 걸터앉아 있는 인물은 르누아르의 친구이자 인상파 화가들의 후원자인 화가 귀스타브 카이유보트로 추정된다. 그는 배우 엘렌 앙드

오귀스트 르누아르, 〈뱃놀이하는 사람들의 점심 식사〉, 1881년
130×173cm, 워싱턴 필립스 컬렉션

레가 하는 말에 건성으로 귀를 기울이고 있으며, 그녀의 오른쪽에서 《신프랑스》 신문 발행인인 아드리앵 마지올로가 그녀를 내려다보고 있다. 아드리앵 마지올로의 오른쪽 위에 있는 세 사람 중에서 가운데 코안경을 쓴 남자는 신문기자인 폴 로트이고, 검은색 둥근 모자를 쓴 남자는 르누아르의 친구인 공무원 으젠-피에르 레트렝게즈, 두 귀를 막고 있는 것처럼 보이는 여성은 코메디 프랑세즈 극장의 배우 잔 사마리다.

그림 한가운데 술잔을 입에 대고 있는 여성은 모델인 앙젤 르고이고, 그녀 오른쪽에 옆얼굴만 보이는 남성은 확실하지는 않으나 화가인 모리스 레알리에-뒤마나 르누아르 자신으로 추정되기도 한다. 앙젤의 뒤편에 서 있는 두 남성 중에서 오른쪽에 실크 해트를 쓰고 있는 사람은 미술비평가이자 수집가인 샤를 에프뤼시이고, 그의 앞에 서 있는 사람은 시인 쥘 라포르그다.

18세기 후반기에 일어난 산업혁명이 사회적, 도덕적으로 어떤 결과를 낳았는지를 직접 목격한 르누아르는 이 작품에서 회화의 마네라든가 드가, 혹은 문학의 졸라나 모파상과는 다르게 이 혁명의 어두운 측면을 그리기를 거부한다. 1870년에 일어난 보불전쟁을 직접 목격한 그는 이 전쟁으로 인해 생긴 비극을 상기하지도 않는다.

예술의 역사에서 결정적인 변화를 일으킨 인상파 혁명에서 르누아르는 친구 모네처럼 그 자신으로 남아 있다. 자신의 본능에 따라 자기가 그리고 싶은 것을 그리는 것이다. 그는 말했다. "이론에 훤하다고 해서 좋은 그림을 그리는 것은 아니다."

〈뱃놀이하는 사람들의 점심 식사〉Le Déjeuner des canotiers는 무엇보다도 삶의 즐거움과 아름다움에 대한 찬가다. 르누아르는 삶에서 아름다운 것만을 보고

자 했다. 자기 그림에 어떤 사회적 메시지를 남겨놓는
것에는 관심이 없었다.

:: 세잔과 고흐의 마을
오베르쉬르와즈

오베르쉬르와즈
관광안내소 앞
에 서 있는 반 고
흐의 동상

도비니의 동상

파리 북쪽의 오베르쉬르와즈 마을은 와즈강을 따라 길게 이어져 있다. 화가들은 이미 오래전부터 이 마을을 찾아와 그림을 그렸다. 가장 먼저 이 마을에 정착한 화가는 도비니다. 그는 1860년 이 마을을 처음 찾아와 와즈강 가에서 그림을 그렸다. 도비니는 배를 한 척 사서 '르 보탱'이라고 이름 붙인 다음 아틀리에로 개조하여 오즈강에 띄웠다. 이 '르 보탱' 호를 타면 날씨에 상관없이 쉽게 이동하며 그림을 그릴 수 있었다(모네도 아르장퇴유에 사는 동안 이렇게 배를 사서 아틀리에로 만들 것이다). 코로와 모리소 자매, 마네의 친구인 앙투안 귀요맹 같은 화가들도 이 마을을 찾아왔다.

그러나 오베르쉬르와즈를 전 세계에 알린 것은 누구보다도 반 고흐와 폴 세잔이다. 폴 세잔은 이 마을에서 2년 동안 머무르며 그림을 그렸고, 반 고흐는 여기서 비극적인 최후를 맞았다.

세잔 최초의 인상파 작품

세잔은 1872년 가을, 동거 중이던 오르탕스와 아들 폴을 데리고 오베르쉬르와즈에 도착하였다. 그는 의사(폴 가세) 집에 일단 짐을 풀고 셋집을 구했다. 그것은 세잔과 가세 박사 모두에게 유익한 즐거운 만남이었다. 이 엑상프로방스 출신 화가가 예민하고 신경질적이어서 조금이라도 언짢게 하면 불같이 화를 낸다는 사실을 이미 들어 알고 있던 가세 박사는 그의 말을 들어주고, 매우 능숙한 솜씨로 그가 말을 하도록 만들었다. 잘 알려진 것처럼 세잔은 자신의 의견을 또박또박 논리적으로 표하는 사람이 아니었다. 가세 박사는 세잔을 판화의 세계에 입문시켰고, 나중에는 반 고흐도 역시 이 세계에 입문시킬 것이다.

그러나 세잔이 오베르쉬르와즈에 2년간 머무르는 동안 그에게 가장 큰 영향을 끼친 사람은 그보다 여덟 살 많은 카미유 피사로다. 그 당시 오베르쉬르와즈에서 멀지 않은 퐁투아즈에 살고 있던 피사로는 자신과 함께 야외로 나가 그림을 그리자고 세잔에게 권유했다. 세잔은 그의 영향을 받아 다른 인상파 화가들처럼 밝은색을 사용하여 야외 풍경을 그리는 동시에 자신만의 의지를 표하기 시작한다.

그가 1868년경에 그린 〈아쉴 앙프레르의 초상〉

폴 세잔
〈아쉴 앙프레르의 초상〉
1867–1868년, 201×121cm
오르세 미술관
1층 11번 전시실

Achille Emperaire과 5년 뒤인 1873년에 그린 〈목매달 아 죽은 자의 집, 오베르쉬르와즈〉la Maison du pendu, Aubers-sur-Oise을 비교해 보면 이 같은 변화를 확연히 느낄 수 있다.

〈목매달아 죽은 자의 집〉은 세잔이 1874년에 열 린 제1회 인상파전에 출품한 세 작품 중 하나이고 그 뒤로 1889년과 1900년에도 출품했으며, 드물게 서명

폴 세잔, 〈목매달아 죽은 자의 집, 오베르쉬르와즈〉, 1873년
55.5×66.3cm, 오르세 미술관 5층 30번 전시실

을 하기도 했다. 그가 그만큼 애착을 가졌던 작품이라
고 할 수 있다. 오베르쉬르와즈에서 소재를 앞에 놓고
바로 그린 이 작품은 세잔 최초의 인상파 작품으로 간
주할 수 있다. 함께 작업한 피사로의 영향을 받아 그
는 문학적, 신화적 주제를 버리고 단순한 소재를 택하
는 한편 밝은색을 풍부하게 사용하고 터치를 파편화
하였다. 하지만 전경의 길과 후경의 집 벽에 나이프를
사용하여 두껍게 칠한 것은 그가 인상파 미학의 원칙

들을 완전히 받아들이지 않고 자기만의 독자적인 화풍을 확립하겠다는 뜻으로 볼 수 있을 것이다.

고흐의 마지막을 함께한 사람들

1890년 봄, 당시 남프랑스 생레미라는 마을의 정신병원에 있던 반 고흐는 파리로 올라갈 수 있게 해달라고 동생 테오를 달달 볶았다. 그러나 얼마 전에 아들(이 아이 역시 반 고흐라고 불리게 될 것이다)을 낳은 테오는 형이 돌아오는 것을 마냥 반길 수만은 없었다. 겨울에 두 번이나 발작을 일으키면서 반 고흐의 건강이 크게 나빠진 것이다. 테오는 형이 파리에서 살게 되면 정신적 균형을 잃어버릴까 봐 걱정된 나머지 그 당시 에라니에 살고 있던 피사로에게 편지를 보내서 형을 좀 데리고 있어달라고 부탁했다. 피사로네 가정의 가족적이고 따뜻한 분위기 속에서 살면 형의 병이 나을 거로 생각했던 것이다. 하지만 정신병을 앓고 있는 반 고흐랑 같이 살면 아이들에게 나쁜 영향을 끼칠까 걱정한 아내가 반대하고 나서자 피사로는 테오의 부탁을 거절한다. 피사로는 대신 가세 의사를 한 번 찾아가 보면 어떻겠냐고 테오에게 제안했다. 이것은 좋은 생각이었다. 이미 반 고흐에 대해 알고 있던 가세 박사는 정신병 연구에 관심을 두고 있었던 터라 더더욱 기꺼

반 고흐가 살았던 라부 여관

이 이 부탁을 받아들였다.

　반 고흐는 파리에 들러 테오 집에서 지내다가 사흘 뒤인 5월 21일, 오베르쉬르와즈로 갔다. 이곳에 도착한 그는 하루 방값이 3프랑 50상팀인 '라부 여관'에 자리를 잡았다. 여관 주인은 꼭 필요한 가구만 갖추어진 지붕 밑 방을 그에게 내주었다. 이 방에 들어서는 순간 반 고흐는 생레미 정신병원에서 머물던 방을 떠올렸다. 가세 박사는 반 고흐가 매우 건강하다고 생각했던 반면, 반 고흐는 가세 박사가 얼굴에 경련을 일으키는 걸 보며 그가 자기보다 더 아픈 게 아닐까 생각했다.

반 고흐의 행복한 시절이 시작되었다. 그동안 힘들었던 걸 다 잊고 즐거운 마음으로 종일 그림만 그렸다 (두 달 동안 무려 일흔다섯 점의 그림을 그렸다!). 거의 매일 저녁 가세 박사를 찾아갔고, 가세 박사와 그의 딸은 식사하고 가라며 반 고흐를 붙잡았다.

그러다가 7월 초, 모든 것이 무너져버렸다. 파리로 테오를 만나러 갔던 그는 몹시 어두운 표정으로 돌아왔다. 정확히 무슨 일이 일어났는지는 모른다. 아마 테오는 반 고흐에게 가정을 꾸려나가는 데 경제적으로

빈센트 반 고흐
〈가세 박사의
초상화〉
1890년, 67×56cm
오르세 미술관 5층
프랑수아즈 카셍
전시실

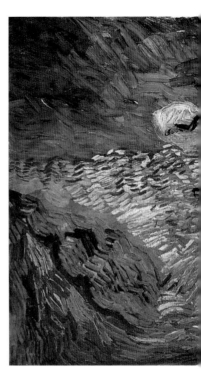

빈센트 반 고흐의 마지막 작품
⟨까마귀가 나는 밀밭⟩
1890년 7월
103×50cm
반 고흐 미술관

어려움이 많고 화랑에서 일하기도 쉽지 않다고 털어
놓았을 것이고, 그는 이 모든 게 자기 탓이라며 자책
했을 것이다.

이때부터 반 고흐는 극도로 예민해져서 툭하면 화
를 내는 등 정신상태가 불안해졌다. 게다가 화가 귀유
맹이 그린 그림의 액자 때문에 가세 박사와 말다툼을
하다 사이마저 틀어졌다.

그리고 며칠이 흘렀다. 7월 27일 일요일, 그는 오
전에 까마귀 떼가 날아다니는 밀밭을 그리다가 집으

로 돌아와 라부 가족과 함께 점심을 먹었다. 그리고
다시 밀밭으로 돌아가 계속 그림을 그렸다. 날이 조금
씩 어두워지자 집으로 돌아가려고 주섬주섬 화구를
챙기기 시작했다. 그러다가 갑자기 권총을 꺼내 자신
의 가슴에 대고 방아쇠를 당겼다. 그는 큰 부상을 입
었지만, 간신히 힘을 내어 라부 여관으로 돌아갔다. 라
부 부부는 가슴을 움켜잡은 채 거의 기다시피 계단을
올라가는 반 고흐를 보고 깜짝 놀랐다. 반 고흐가 저
녁 먹을 시간이 되어도 내려오지 않자 불안해진 라부

씨가 올라가 보니 그는 침대에 누워있었다. 들릴 듯 말 듯한 소리로 중얼거렸다.

"사는 게 너무 지겨워서 죽으려고 했어요."

그때 가세 박사는 파리에 가 있었으므로 동네 의사를 불렀다. 빈센트 반 고흐는 끔찍하게 고통스러워하다가 급히 연락을 받고 달려온 테오와 가세 박사가 지켜보는 가운데 마지막 숨을 내쉬었다. 그는 자신에게 용기를 불어넣어 주려고 애쓰는 동생에게 이렇게 말하고 숨을 거두었다.

"슬픔은 평생 지속될 거야…."

'자기가 살고 있는 땅을 떠나려는 사람은 불행한 사람이다'라
는 밀란 쿤데라의 말은, 지리적 공간이 인간의 삶에 차지하고
있는 비중을 역설적으로 드러낸다. 불문학자이자 번역가인 이
재형의 프랑스는 그러나 지도 위에 있는 유럽의 한 나라만이
아니다. 이재형에게 프랑스는, 지리적으로는 대서양과 맞닿아
있는 유럽의 서쪽 공간에 있는 역사 깊은 곳이지만, 동시에 인
류의 문화가 발전하는데 중요한 자양분과 동력을 제공한 문화
적 공간이다. 이재형의 프랑스를 지리적으로 제한할 때 우리는
편협하고 협소한 시선에 스스로를 가두게 된다. 깊이 있고 세
밀하게 추적된 프랑스 역사와 문화에 관한 관심은 그가 오랫동
안 프랑스에 거주하면서 문화와 예술의 현장을 답사하며 직접
촬영한 아름다운 사진과 함께 생생하게 전달된다. 그러므로 이
책의 텍스트인 '프랑스'는 이재형 개인의 심리적 공간이면서
그의 삶이 생성되며 지향하는 정신적 영토일 것이다. 이제 독
자들은 이재형의 안내를 따라 지리적 공간에서 시작해서 인류
의 문화적 공간으로 그리고 이재형 개인의 정신적 공간을 탐사
하게 되는 황홀한 여정에 동참하게 된다.

— 하재봉, 문화평론가

'파리는 날마다 축제'라는 헤밍웨이의 말처럼 파리는 모두에게 매일 특별한 하루를 선사하는 도시이다. 에펠탑, 루브르 박물관과 같은 관광 명소처럼 켜켜이 쌓인 역사의 흔적을 되돌아보는 것도 중요하지만, 인생의 쉼표가 필요할 때 파리를 찾는 당신에게 삶의 위안과 영감을 선사할 때 더 큰 감동을 느끼게 해주는 도시이기도 하다. 이 책은 파리 현지인들이 알고 있는 주옥같은 장소를 작가가 직접 걸으며 쓰고 찍은 소중한 기록의 산물이다. 프랑스 구석구석을 걸으며 남긴 그의 여행의 흔적을 SNS를 통해 처음 알게 되었다. 같은 파리 하늘 아래 살면서 나와는 다른 파리를 만끽하는 이재형 작가의 시선으로 바라본 파리의 장소들이 책장을 넘길 때마다 새롭게 다가온다. 이제 당신이 느낄 차례다.

— 정기범, 여행 작가·파리 <맛있다 레스토랑> 대표
『시크릿 파리』 저자

파리는 우리가 평생 한 번 가봐야 하는 도시다. 저자는 이 책에서 파리의 주요한 미술관뿐만 아니라 쇼팽이나 헤밍웨이, 빅토르 위고 같은 작가들이 파리에서 살아간 이야기도 들려준다. 배우인 나는 파리의 공동묘지에 묻혀 있는 이브 몽탕과 시몬 시뇨레, 「시네마 천국」의 필리프 누아레, 영화인 부부인 자크 드미와 아네스 바르다, 프랑수아 트뤼포와 잔 모로 같은 배우의 이야기를 흥미롭게 읽었다. 여러분께 일독을 권한다.

— 김수로, 배우

이 책을 읽고 가슴이 뛰었습니다. 책 속에는 제가 첼리스트로 유학을 하며 살았던 파리의 냄새가 생생히 났고, 그 냄새 속에는 추억의 향수가 있습니다. 시공간을 뛰어넘어 파리 곳곳에 살아 숨 쉬는 예술의 발자취를 생생하게 담아내었고 그리워하던 파리를 책을 통해 눈으로 가슴으로 새겼습니다. 파리를 이미 아는 분들에게도, 파리를 모르고 여행하는 분들에게도 파리를 왜 좋아할 수밖에 없는지 일깨워주는 책입니다.

— 최주연, 첼리스트·함부르크 국립음대 최고연주자 과정
『누구나가 아닌 내가 되다』 공저

빠르게 변화하는 현대 사회. 휘몰아치는 업무 끝에 얻어내는 짧은 휴가, 그리고 방대한 여행지. 많은 사람들이 유럽여행의 필두로 파리행을 선택한다. 그렇다면 귀한 일정은 무엇으로 채워야 할까. 소셜미디어에서 홍보되는 최신 트렌드가 반영된 파리의 포토제닉한 장소도, 화려한 샹젤리제 거리도, 마레 지구에서의 쇼핑도 좋지만, 파리를 완벽히 마음으로 소유하는 가장 좋은 방법은 온전히 예술의 흔적을 따라 걷는 것이다. 이 책을 믿고, 지도 삼아서. 무심결에 지나칠 법한 아르누보 건축양식의 지하철 입구, 몽마르트르 언덕 아래 예술가들의 묘비, 쇼팽이 잠든 교회, 예술가들의 숨결이 느껴지는 마을, 루브르 미술관·오르세 미술관·오랑주리 미술관·로댕 미술관 등에 남겨진 예술가들의 흔적을 통해 살펴보는 그들이 예술을 멈추지 않았던 이유. 가는 걸음마다 고스란히 전해져 오는 파리의 예술이 존중받는 법. 이 책은 시대의 흐름을 반영하는 예술에 대한 훌륭한 안내서이자 수많은 예술가들이 거쳐 간 파리가 지닌 예술의 힘에 대한 찬가이다.

— 하연수, 배우
연기를 하고 그림을 그리며, 사진은 긴 여행과 계획을 통해 찍고, 그림과 사진을 묶어 전시를 합니다. 예술을 비롯하여 세월과 숨결이 느껴지는 것들을 관찰하고 꿰뚫어 보려 합니다.

수년 전 난 파리의 공동묘지를 이재형 작가와 걸었다. 파리를 구경하고 싶으니 안내해 달라고 부탁했던 터라 잔뜩 기대하고 있었는데, 음산한 무덤들이 즐비한 곳이라니… 그런데 이런 반

전이 있을 줄이야! 풍파에 닳고 닳은 무덤 하나하나에 세계적인 인물들의 사연들이 줄줄이 나오는 것이 아닌가! 책에서나 영화에서나 들어 봤던 인물들의 주검이 묻힌 그곳에서 세계 역사의 어두운 골짜기로 떨어지다가도 어느새 산꼭대기로 치솟아 오르는 감동으로 숨 돌릴 틈이 없었다. 이 정도라면 파리의 박물관이나 거리나 회색 건물들 속에 담긴 수많은 사연과 예술품의 속 깊은 이야기들은 얼마나 멋지게 펼쳐질 것인가! 이 작가가 깊은 사색과 고독 속에 관찰한 파리의 모습은 스치듯 지나가는 관광객이나 심지어 파리의 시민들마저 발견하지 못한 섬세한 예술의 극치를 맛보게 한다. 한 권의 책에 파리에 대한 사랑과 애정을 이처럼 깊이 새겨 넣기까지 작가의 발걸음과 손길과 마음의 흐름은 얼마나 치열했을까! 파리 역사의 퇴적층을 따라 이 작가와 함께 산책하는 기쁨을 다시 누리게 되어 벌써 가슴이 설렌다!

— 조동천, 서울 예수뿐인교회 목사
『내 인생을 변화시킨 세 가지 질문』 저자

예술의 도시 파리를 알고 싶다면 이 책 한 권이면 충분하다. 기존의 여행 정보 가이드북과는 달리, 저자의 인생의 절반에 가까운 26년간 파리를 순례하며 나온 결과물이자 파리 예술가들과 그 작품들에 대한 역사적 배경의 발자취를 쫓으며 여행 정보까지 함께 접할 수 있는 유일한 책이다. 예술의 나라라는 수식어를 이해하고 싶다면 이 책 한 권 손에 꼭 쥐고 파리 골목 곳곳에 묻어있는 그 시대 예술가들의 삶의 흔적을 따라 함께 걷는 것이야말로 풍성하고 진정한 파리여행이 될 수 있을 것이다.

— 정소라, 색소포니스트·파리사클레대학교 석사과정 졸업
<함박패밀리> 유튜버

파리를 사랑하는 작가의 눈을 따라 파리의 이곳저곳을 여행하

다 보니 어느새 나도 그처럼 순수한 사랑에 빠지게 되었습니다. 많은 이들이 눈에 보이는 것에 열광할 때, 눈에 보이지 않는 파리의 예술 이야기를 세심하고 친절하게 소개하며 '나는 무엇을 보는가' 스스로에게 질문을 던지게 하는 책입니다. 남들은 모르는 나만의 파리를 간직하고 싶은 모든 분께 이 책을 추천합니다.

— 서진아, 피아니스트·프랑스 세르지 퐁투아즈 국립 음악원
스콜라 칸토룸 음악원 반주자

"이 책을 쓸 수 있도록 끊임없이 격려해 주신
파리 목양장로교회 이종선 목사님께
특별히 감사드린다."

나는 왜 파리를 사랑하는가

초판 1쇄 발행 2022년 7월 17일
초판 2쇄 발행 2022년 8월 8일

지은이 이재형

펴낸곳 디 이니셔티브
디자인 오하라
출판신고 2019년 6월 3일 제2019-000061호
주소 서울특별시 마포구 토정로 53-13 3층
팩스 050-4207-8954
이메일 the.initiative63@gmail.com
인스타그램 @4i.publisher

ISBN 979-11-91754-05-6 03980